Heinz Schulz

Der Savonius-Rotor

Eine Bauanleitung

ökobuch
Staufen bei Freiburg i.Br.

CIP-Titelaufnahme der Deutschen Bibliothek

Schulz, Heinz:
Der Savonius-Rotor : eine Bauanleitung / Heinz Schulz
Staufen bei Freiburg i. Br.: ökobuch, 1989
ISBN 3 - 922 964 - 48 - 6

ISBN 3 - 922 964 - 48 - 6

Druck: Graphische Werkstatt GmbH, Kassel

Inhaltsverzeichnis

Zweistufiger Savonius - Rotor und dreiflügeliger Durchströmrotor

mit Turm aus Rundhölzern und Rundholz - Verbindern
(zur Nutzung von Windenergie)

LANDTECHNIK WEIHENSTEPHAN

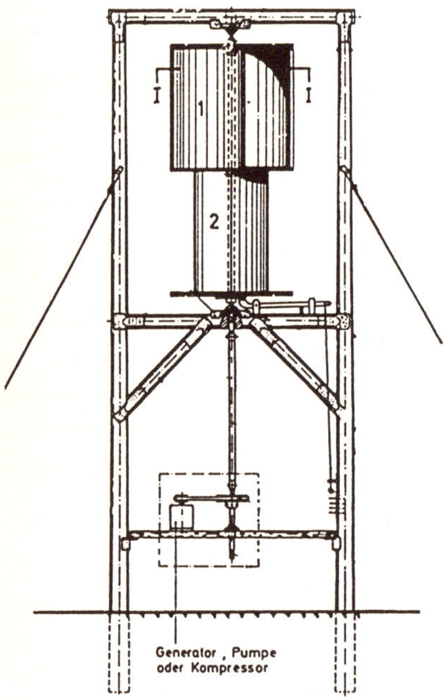

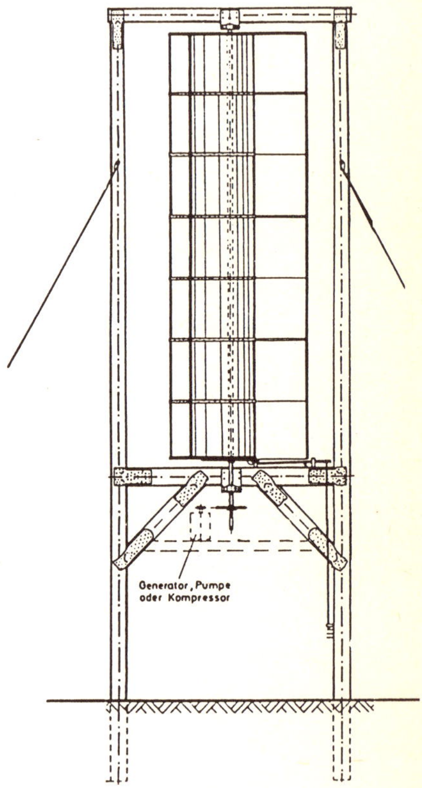

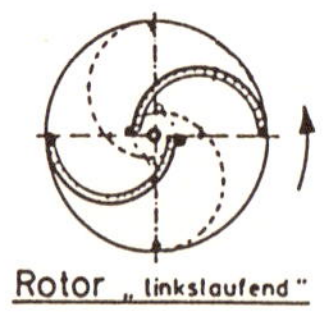

Savonius - Rotor

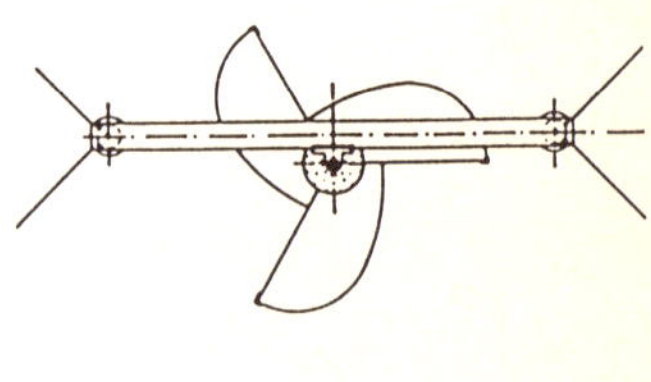

Durchströmrotor

1. Der Savonius-Rotor

1.1 Grundsätzliches

Der Savonius Rotor wurde um 1925 vom finnischen Schiffsoffizier Sigurd J. Savonius erfunden.
Ein Savonius-Rotor besteht aus 2 waagerechten Kreisscheiben, zwischen denen zwei senkrecht stehende, halbkreisförmig gebogene Flügel bzw. Schaufeln angebracht sind (Abb. 1 und 2). Diese werden in der Mitte um etwa 20% des Rotordurchmessers gegeneinander versetzt, so daß ein Teil des Windes von der gerade aktiven Schaufel umgelenkt wird auf die Rückseite der passiven. Je nach Anordnung der Schaufeln kann man links- oder rechtsdrehende Rotoren bauen.
Der Savonius-Rotor wurde in kleinen Ausführungen recht häufig zum Antrieb von Ventilatoren auf den Dächern von Transportfahrzeugen verwendet, wo der Fahrtwind die Schaufeln in Rotation versetzt. In neuerer Zeit gewinnt der Savonius-Rotor für Anwendungen mit kleiner Leistung in der dezentralen Energieversorgung zunehmende Bedeutung. Der Verfasser hat in der Zeit von 1976 bis 1979 mehrere Savonius-Rotoren gebaut, für unterschiedliche Anwendung eingesetzt und praktische Erfahrungen damit gesammelt. Nicht zuletzt aufgrund unserer ersten »Hinweise zum Bau und Betrieb von Savonius-Rotoren« haben geschickte Bastler zahlreiche weitere Anlagen erstellt, um kleinere Wasserpumpen und Gleichstromgeneratoren damit anzutreiben. In den 80 er Jahren wurde der Savonius-Rotor dann zum dreiflügeligen Durchström-Rotor weiterentwickelt, der sich auch für größere Anlagen im Leistungsbereich bis zu 2 kW gut eignet.

Um festzustellen, ob für den vorgesehenen Zweck ein Savonius-Rotor überhaupt geeignet ist, sollte man die Vor- und Nachteile dieses Systems im Vergleich zu modernen Windturbinen anderer Bauart kennen und abwägen.

Die *Vorteile* des Savonius-Rotors:

- Einfacher Aufbau aus leicht erhältlichen Werkstoffen, eventuell auch unter Verwendung von Altmaterialien (200 l - Ölfässer)
- Unabhängigkeit von der jeweiligen Windrichtung, daher keine Notwendigkeit zur Windausrichtung

- Direkte Kraftabgabe an eine senkrechte Welle, die bis in Bodennähe geführt werden kann und dort wahlweise oder gleichzeitig verschiedene Arbeitsmaschinen antreiben kann, je nach Bedarf und Windstärke. So läßt sich z.B. mit einer Anlage bei schwachem Wind Wasser pumpen und bei hohen Windgeschwindigkeiten zusätzlich noch Gleichstrom erzeugen.
- Ausnutzung eines großen Windstärkenbereichs: Richtig gebaute Savonius-Rotoren können im Gegensatz zu vielen anderen Windturbinen, die auf bestimmte Windgeschwindigkeiten optimiert sind, sowohl extrem niedrige Windgeschwindigkeiten (2 - 3 m/s) wie auch mittlere (4 - 10 m/s) und hohe (15 - 25 m/s) nutzen. Dabei gilt natürlich das Gesetz, daß Drehzahl und Leistung mit zunehmender Windgeschwindigkeit steigen (die Drehzahl steigt linear, die Leistung mit der 3. Potenz der Windgeschwindigkeit).

- Die Koppelung mehrerer Savonius-Rotoren zu einer größeren Anlage mit relativ hoher Drehzahl ist möglich. Während bei Windturbinen mit horizontaler Achse eine Vergrößerung des Propeller- oder Raddurchmessers zwangsläufig die Drehzahl verringert und oft Getriebeprobleme mit sich bringt, bietet der Savonius-Rotor die Chance, die Turbinenfläche und damit die Leistung zu vergrößern, ohne daß die Drehzahl stark absinkt. Man koppelt dazu mehrere Rotoren mit geringem Durchmesser und damit hoher Drehzahl durch horizontalen oder vertikalen Verbund (Abb. 3).
- Erweiterungsmöglichkeiten bei Anlagen mit horizontaler Koppelung der Rotoren: Man kann zunächst mit einer kleineren Anlage beginnen und diese bei steigendem Energiebedarf später nach einer oder beiden Seiten vergrößern, indem man weitere Rotorfelder anschließt. Dabei muß natür-

Abb. 1 ◀
Dies war der erste, vom Verfasser gebaute Savonius-Rotor.
Zwei wasserfest verleimte Sperrholzplatten bildeten die Kreisscheiben, auf welche die Flügel aus halbierten Faßhälften aufgenietet sind. Eine ausrangierte, halbe Autoachse mit Felge und Bremstrommel dient zur Lagerung.

Abb. 2 ▶
Montiert auf dem First eines Scheunendaches konnte dieser Savoniusrotor von unten durch Ziehen an einem Seil bei Sturm abgebremst werden. Die einseitige Lagerung in Verbindung mit einer Unwucht führte nämlich zu starken Vibrationen bei hohen Drehzahlen.

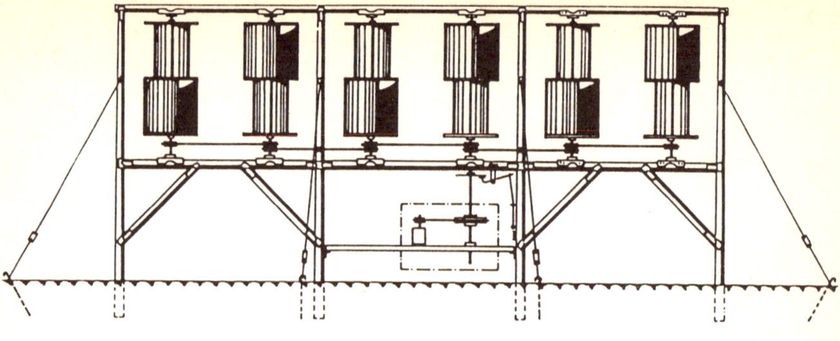

Abb. 3: Vorschläge für die Koppelung mehrerer Savonius-Rotoren

oben: Anordnung mehrerer Doppel- oder Dreifachrotoren nebeneinander quer zu den Hauptwindrichtungen; Koppelung der einzelnen Rotoren durch Riemen- oder Kettentrieb; Kraftabnahme an einer Zentralwelle; Erweiterungsfähigkeit nach beiden Seiten

unten: Anordnung mehrerer Rotoren übereinander auf einer abgespannten Welle

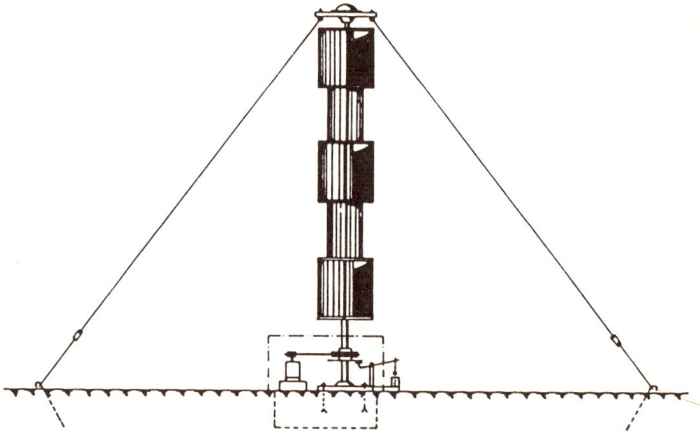

lich die Zentralwelle das vergrößerte Drehmoment aufnehmen. Die Anlage wird quer zur Hauptwindrichtung aufgestellt.

- Hohe Sturmsicherheit bei richtiger Bauweise: Savoniusrotoren sind insbesondere unempfindlich gegen Wirbel und Turbulenzen.

Diesen, oftmals entscheidenden Vorteilen stehen aber auch typische *Nachteile* gegenüber, die beachtet werden müssen:

- Ungewöhnliches, wuchtiges Aussehen, an das man sich erst gewöhnen muß. Horizontalläufer mit wenigen, schmalen Propellern fallen bei Stillstand weniger stark auf; und in windschwachen Gebieten stehen Horizontalläufer zumeist, während sich Savonius-Rotoren wegen ihrer größeren Angriffsfläche häufiger drehen.

- Hohes Rotorgewicht, das durch die Verwendung billiger Materialien zwar kostenmäßig nicht stark zu Buche schlägt, aber eine sorgfältige Auswuchtung nötig macht, um kritische Schwingungen bei hohen Drehzahlen zu vermeiden. Das hohe Gewicht wirkt sich besonders bei Böen gleichzeitig aber auch vorteilhaft, nämlich drehzahlstabilisierend, aus und vergrößert bei richtiger Rotorkonstruktion die Sturmsicherheit.
- Geringe Schnellaufzahl, das heißt relativ niedrige Drehzahlen und hohe Drehmomente: Wasserpumpen können direkt angetrieben werden, bei Generatoren müssen kraftzehrende Getriebe-, Ketten- oder Keilriemenübersetzungen vorgesehen werden.
- Relativ niedriger Leistungsbeiwert (Wirkungsgrad): Moderne Propellerturbinen kommen auf höhere Werte, aber nur bei bestimmten Windgeschwindigkeiten. Im praktischen Betrieb gleicht der Savonius-Rotor diesen Nachteil aus, weil er über einen größeren Windstärkenbereich Leistungen abgeben kann.
- In der deutschen Literatur gibt es nur wenige brauchbare Veröffentlichungen über den Savonius-Rotor. Umfangreiche Arbeiten sind inzwischen jedoch im englischsprachigen Raum erschienen (siehe Literaturhinweise), die allerdings im Original häufig nur schwer zu beschaffen sind.

1.2 Die Konstruktion

Savonius-Rotoren kann man auf vielerlei Art und aus unterschiedlichen Materialien bauen, wobei sich für die Teller und Flügel Stahlblech, Leichtmetallblech, glasfaserverstärkter Kunststoff und wetterfest verleimtes Sperrholz anbieten. Für die Flügel von Rotoren mit 1 m Ø können notfalls auch Faßhälften (200 l-Rillenfässer) verwendet werden, wobei jedoch stärkere Unwuchten auftreten können.
Um ein gleichmäßiges Drehmoment zu erhalten, empfiehlt es sich, die Anlage zweistufig mit um 90° versetzten Rotorstufen zu bauen. Damit steht immer ein Flügel voll im Wind und der Rotor kann auch bei geringen Windstärken leicht anlaufen. Eine dreistufige Anordnung mit um 60° versetzte Stufen bringt hingegen keine entscheidende Verbesserung des Drehmomentenverlaufes mehr.
Nur sehr kleine Savonius-Rotoren unter 50 cm Rotordurchmesser sollte man selbsttragend und mit einseitiger Lagerung bauen. Besser - und bei größeren

Abb. 4: Pendelnd oben aufgehängter, zweistufiger Savonius-Rotor.

Die Lichtmaschine zur Gleichstromerzeugung sitzt über dem oberen Teller. Diese Anordnung ist sturmsicherer und unempfindlicher gegenüber Unwucht als die einseitig starre Lagerung wie in Abb. 1 und 2.

Rotoren über 1 m Ø auch leichter zu beherrschen - ist es, die Teller mit einer durchgehenden Welle aus Stahlrohr zu verbinden. Bei einseitiger, starrer Lagerung besteht aber auch hierbei noch die Gefahr, daß der Rotor bei Sturm in kritische Schwingungen gerät. Eine einseitige Lagerung ist daher nur zu empfehlen, wenn man den Rotor wie eine Glocke am oberen Teil pendelnd mit einem Kardangelenk aufhängt (Abb. 4). Er kann sich dann bei vorhandener Unwucht nicht mehr so stark aufschwingen und schwenkt bei hohen Windgeschwindigkeiten selbsttätig aus. Noch besser hat sich die doppelte Lagerung

Abb. 5
Rechts die empfehlenswerte Anordnung von Savonius-Rotoren, wie sie auch in Abb. 6 und 7 zeichnerisch im Detail dargestellt ist. Links die pendelnd aufgehängte Ausführung mit einer zum Boden führenden Kardanwelle, die eine Wasserpumpe antreibt.

einer durchgehenden Welle bewährt, wie sie in den Abb. 5, 6 und 7 dargestellt ist. Der Querschnitt des Luftkanals zwischen den Flügeln wird durch die Welle zwar verringert, doch hat sich herausgestellt, daß dies im praktischen Betrieb nicht leistungsmindernd wirkt. Der Wellendurchmesser sollte allerdings nicht größer sein als 25% der Luftkanalbreite.
Der nachfolgend beschriebene Aufbau hat sich bisher gut bewährt. Anlagen dieser Bauart haben Windgeschwindigkeiten bis zu 25 m/s nicht nur ausgehalten, sondern auch genutzt.

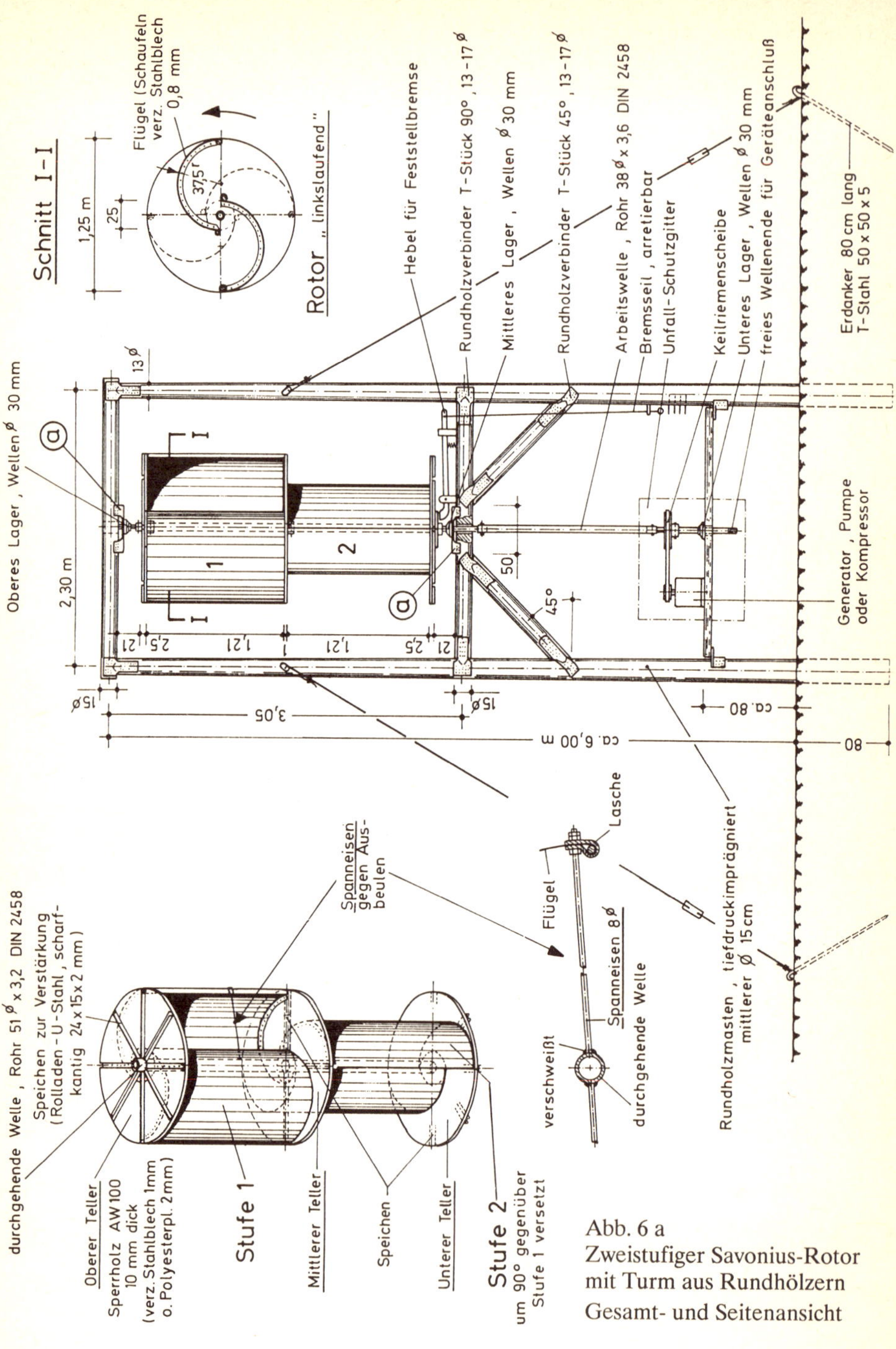

Abb. 6 a
Zweistufiger Savonius-Rotor
mit Turm aus Rundhölzern
Gesamt- und Seitenansicht

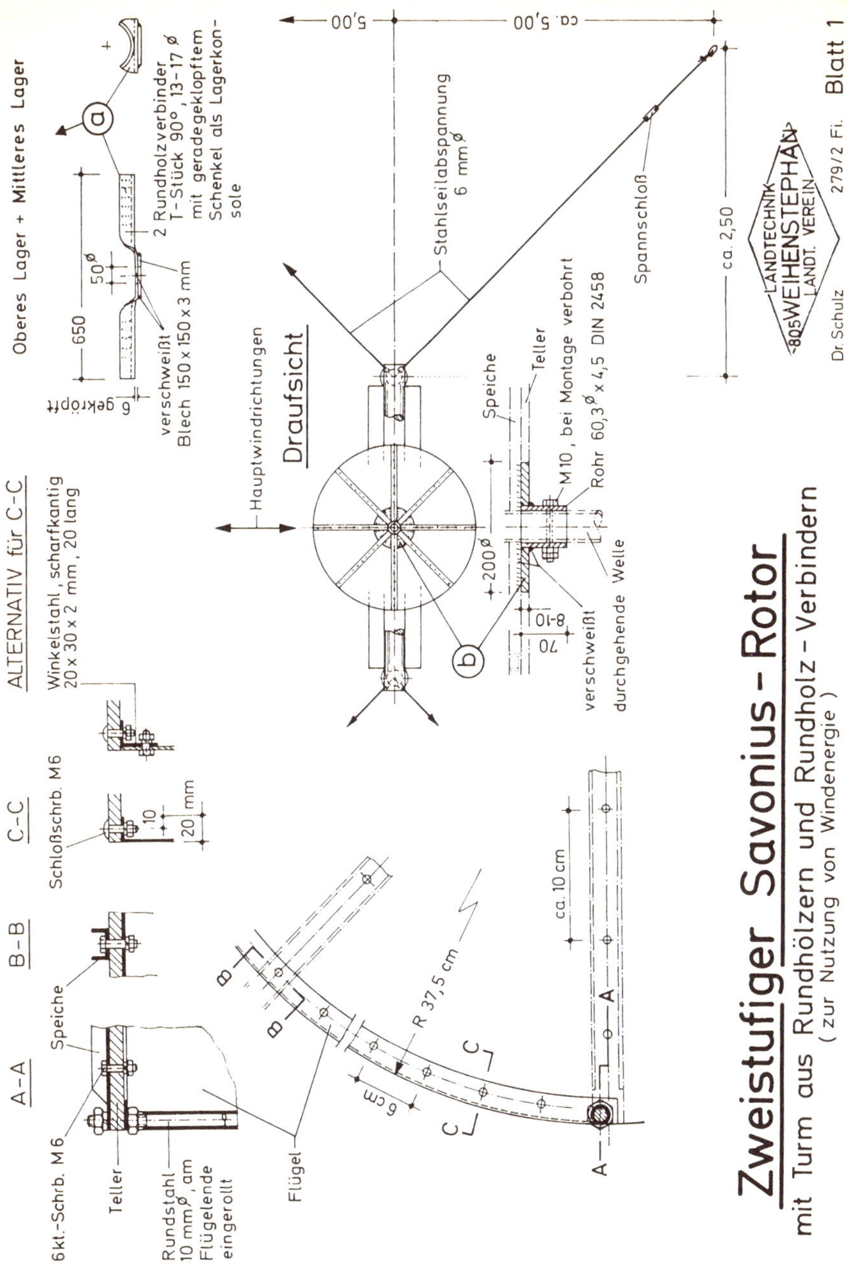

Abb. 6 b: Zweistufiger Savonius-Rotor mit Turm aus Rundhölzern
Details: Verbindung der Teller und Flügel; Montage der Lager

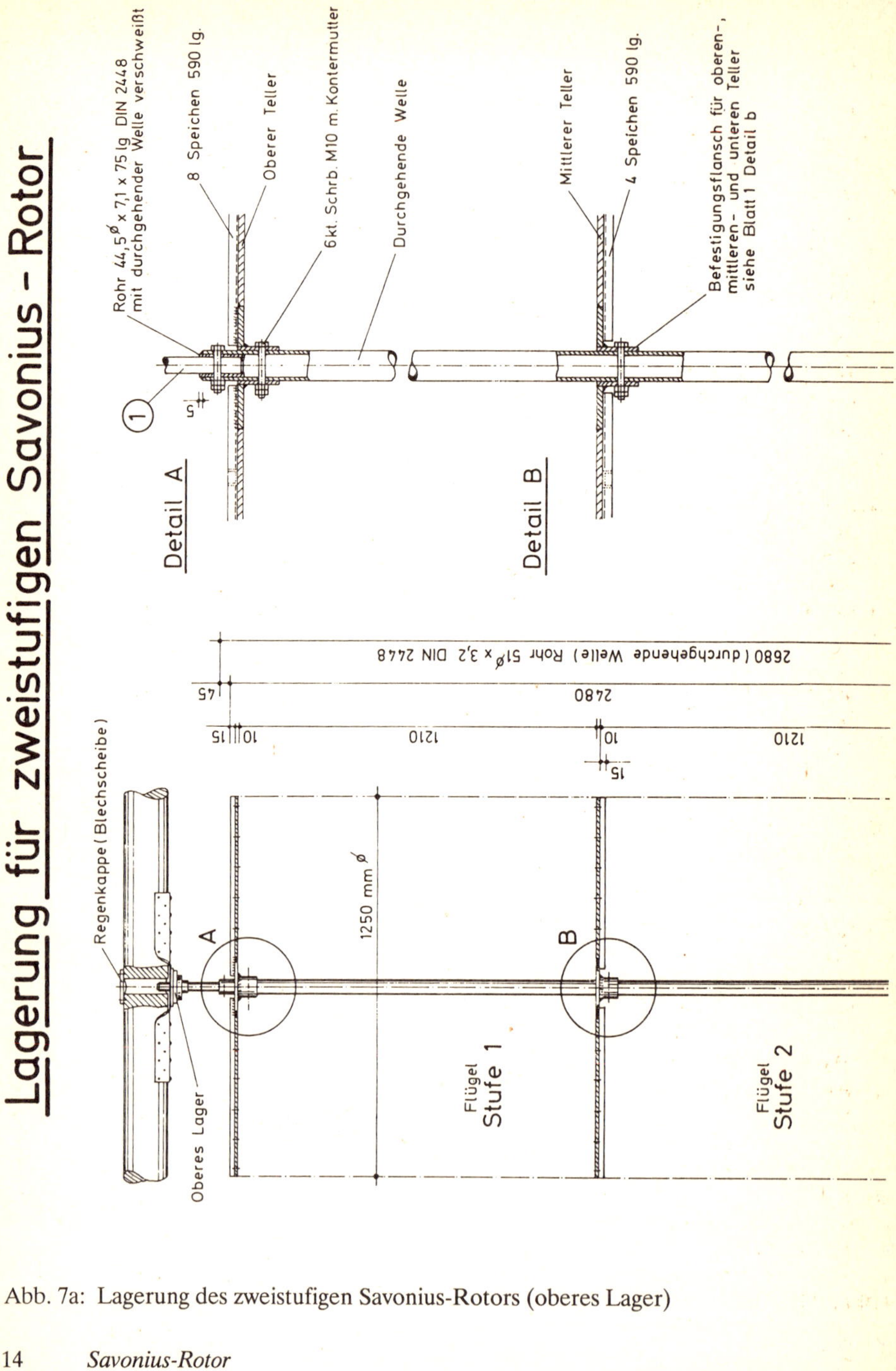

Abb. 7a: Lagerung des zweistufigen Savonius-Rotors (oberes Lager)

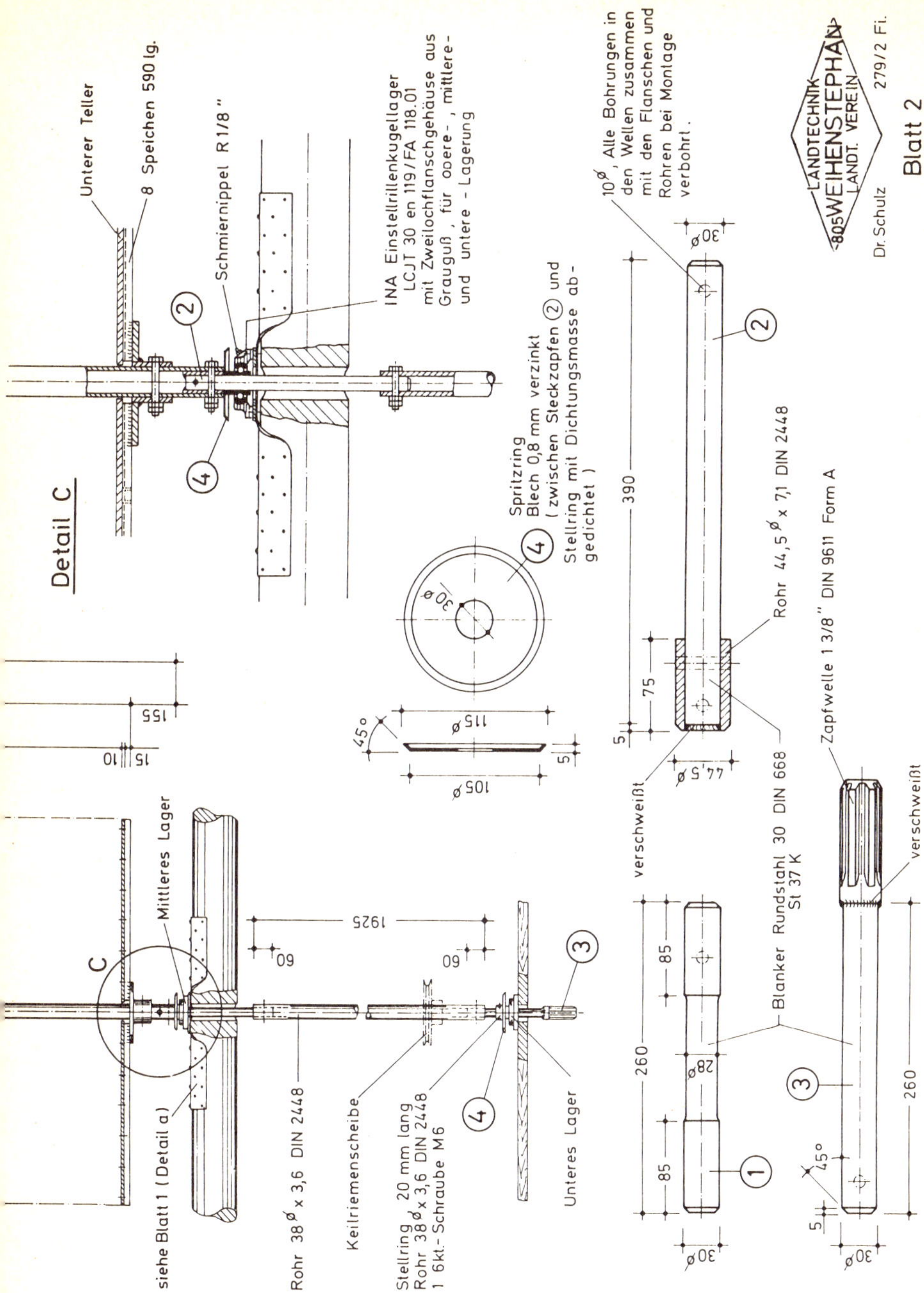

Abb. 7b: Lagerung des zweistufigen Savonius-Rotors (mittleres und unteres Lager)

Der zweistufige Rotor mit 125 cm Ø und 250 cm Höhe ist in einem Turm aus tiefdruckimprägnierten Rundhölzern (Telefonmasten) gelagert, die mit Rundholzverbindern zusammengefügt werden. Diese vorgefertigten Rundholzverbinder (System Weihenstephan) werden auf die Verbindungsstellen der stumpf gestoßenen Hölzer genagelt oder geschraubt und erzielen hohe Festigkeiten. Es gibt sie aus verzinktem Stahlblech in verschiedenen Formen und Größen (siehe Bezugsquellenverzeichnis). Auch die Lagerkonsolen werden zweckmäßig aus Rundholzverbindern gefertigt. Turm und Abspannung sind aus Sicherheitsgründen etwas überdimensioniert, da noch keine Berechnungsgrundlagen für die an Savonius-Rotoren auftretenden Kräfte vorliegen. Anstelle der Seilabspannung könnte man die Masten auch in Betonfundamente einspannen, diese Lösung müßte jedoch noch berechnet und erprobt werden. Auch kann man natürlich anstelle der Rundholz-Konstruktion eine Ausführung mit Stahlprofilen wählen, was aber teuer werden dürfte. Zwischen Rotor und Masten muß ein Freiraum von mindestens 50 cm bleiben, da um den Rotor ein Luftfeld mitrotiert, das bei höheren Windgeschwindigkeiten leistungserhöhend wirkt (Magnus-Effekt). Dies trägt zur schon erwähnten Sturmsicherheit bei, weil es bei sehr hohen Windgeschwindigkeiten bis an die Masten reicht und dabei bremst.

Beim Bau des Rotors muß exakt gearbeitet werden, um einen möglichst guten Rundlauf zu erreichen. Auf die stabilisierenden Speichen (vgl. Abb. 6) sollte man bei dieser Rotorgröße nicht verzichten, da sonst zu große Materialstärken für die Teller erforderlich werden. Sehr wichtig sind die Spanneisen in der Mitte beider Rotorstufen, die verhindern, daß sich die Außenkanten der Flügel bei hohen Windgeschwindigkeiten durch Fliehkraft nach außen beulen bzw. zu flattern beginnen.

Bevor der Rotor montiert wird, muß er sorgfältig ausgewuchtet werden. Dazu legt man den Rotor waagerecht mit beiden Wellenenden so auf zwei Stahlschienen (Winkel- oder T-Eisen), daß er leicht abrollen kann. Die Schienen müssen selbstverständlich exakt mit der Wasserwaage ausgerichtet werden. Bei vorhandener Unwucht wird der Rotor in eine bestimmte Lage einpendeln. Auf der Gegenseite müssen nun Ausgleichsgewichte zunächst provisorisch angebracht werden, am besten an der Unterseite des mittleren Tellers möglichst nahe am Umfang. Durch Probieren werden Größe und Anordnung der Gewichte soweit ermittelt, daß der Rotor in jeder Stellung stehen bleibt und nicht mehr auf einen bestimmten Punkt pendelt. Die Ausgleichsgewichte werden dann endgültig festgeschraubt, und zwar so sicher, daß sie auch bei hohen Drehzahlen nicht abgeschleudert werden können.

Zur Lagerung des Rotors haben sich selbsteinstellende Ringrillenlager (Pendellager) bewährt. Sie brauchen nicht exakt fluchtend ausgerichtet werden und klemmen auch nicht, wenn der Turm sich einmal etwas verziehen sollte. Das mittlere und untere Lager ist durch einen Spritzring gegen Feuchtigkeit zu

schützen, die an der Rotorwelle herablaufen und selbst bei guter Abdichtung des Lagers in dieses eindringen kann. Man sollte auch Wert darauf legen, daß die Lager über Schmiernippel 2 x jährlich nachgeschmiert werden, um kleinere, sich unvermeidlich im Lager sammelnde Feuchtigkeitsmengen herauszudrük-ken.
Zur Montage der Anlage kann man Turm und Rotor am Boden montieren und gemeinsam z.B. mit Frontlader und Seilzug aufkippen. Hat man keinen Frontladerschlepper zur Verfügung, läßt sich auch der Turm in Einzelteilen stehend montieren und der Rotor mit einem Flaschenzug in die Lagerung heben.

1.3 Sicherheitstechnische Anforderungen

Zuerst eine *dringende Warnung*: Wer Windenergie nutzen möchte, muß sich darüber im klaren sein, daß er eine Naturgewalt beherrschen will! Spätestens beim ersten Sturm merkt er, welche Kräfte im Wind stecken und an den Materialien zerren. Alle wichtigen Schrauben sollten daher gesichert und nach dem Einlaufen nachgezogen werden. Eine Windturbine ist kein Gerät, das man hinstellen und problemlos nutzen kann, ohne sich auch darum kümmern zu wollen. Eine gewisse Mindestwartung (Kontrolle der Seilabspannung, Pflege der Lager, Nachziehen lockerer Schrauben) ist erforderlich, um die Anlage betriebs- und unfallsicher zu halten.

Ein sehr wichtiges Teil ist die Bremseinrichtung, die unbedingt in der Lage sein muß, den Rotor bei höchsten Windgeschwindigkeiten aus voller Drehzahl abzubremsen und festzustellen. Geschlossene Trommelbremsen haben sich nicht bewährt, da sie wegen der seltenen Nutzung leicht einrosten oder einfrieren. Eine offene Scheibenbremse mit direkter Betätigung durch Seilzug (keinen Bowdenzug verwenden!) erscheint besser (vgl. Abb. 6).
Die Arbeitswelle und die Arbeitsmaschine sind natürlich durch ein Schutzgitter abzusichern. Spielende Kinder müssen notfalls durch einen Schutzzaun ferngehalten werden. Die Angaben in dieser Schrift und den Zeichnungen entsprechen praktischen Erfahrungen, die im Einzelfall gemacht wurden. Gewähr für Haltbarkeit und Sturmsicherheit für den Nachbau an anderer Stelle kann natürlich nicht übernommen werden.

1.4 Leistungsmerkmale

Die Drehzahl eines Savonius-Rotors ist abhängig vom Rotordurchmesser, der Windgeschwindigkeit und der Belastung. Je größer der Rotordurchmesser, umso geringer ist die Drehzahl und umso höher das Drehmoment. Ohne Belastung ist die Umfangsgeschwindigkeit eines gut gebauten zweistufigen Savonius-Rotors etwa 1,8 mal so hoch, wie die Windgeschwindigkeit (Schnellaufzahl = 1,8). Hieraus kann man leicht die Leerlaufdrehzahl in Abhängigkeit von Rotordurchmesser und mittlerer Windgeschwindigkeit errechnen. Am beschriebenen Rotor wurden Spitzendrehzahlen von 500 U/min bei Windgeschwindigkeiten zwischen 12 und 20 m/s gemessen. Derartige Messungen geben aber nur Anhaltswerte, denn es ist außerordentlich schwer, Zeitpunkte mit stabilen Windgeschwindigkeiten und Rotordrehzahlen zu finden, da der Wind meist mehr oder weniger böig ist und der Rotor wegen seiner Schwungmasse nur träge auf wechselnde Windgeschwindigkeiten reagiert. Diese Fehlerquellen lassen sich nur durch eine Vielzahl von Meßwerten ausgleichen.

Unter Belastung sinkt die Drehzahl des Rotors natürlich ab. Die höchste Leistung (Produkt aus Drehmoment und Drehzahl) erbringt der Rotor, wenn

Abb. 8:
Rotordrehzahl und Generator-Stromstärke in Abhängigkeit von der Windgeschwindigkeit (beim zweistufigen Savonius-Rotor mit 1,25 m Ø und 2,5 m Höhe)

Als Generator wurde ein 16-poliger, langsamlaufender Spezialgenerator 12 V/300 W verwendet; Übersetzung Rotor/Generator 2 : 1; es wurde in eine Nickel-Cadmium-Batterie mit 10 V/ 660 Ah geladen.

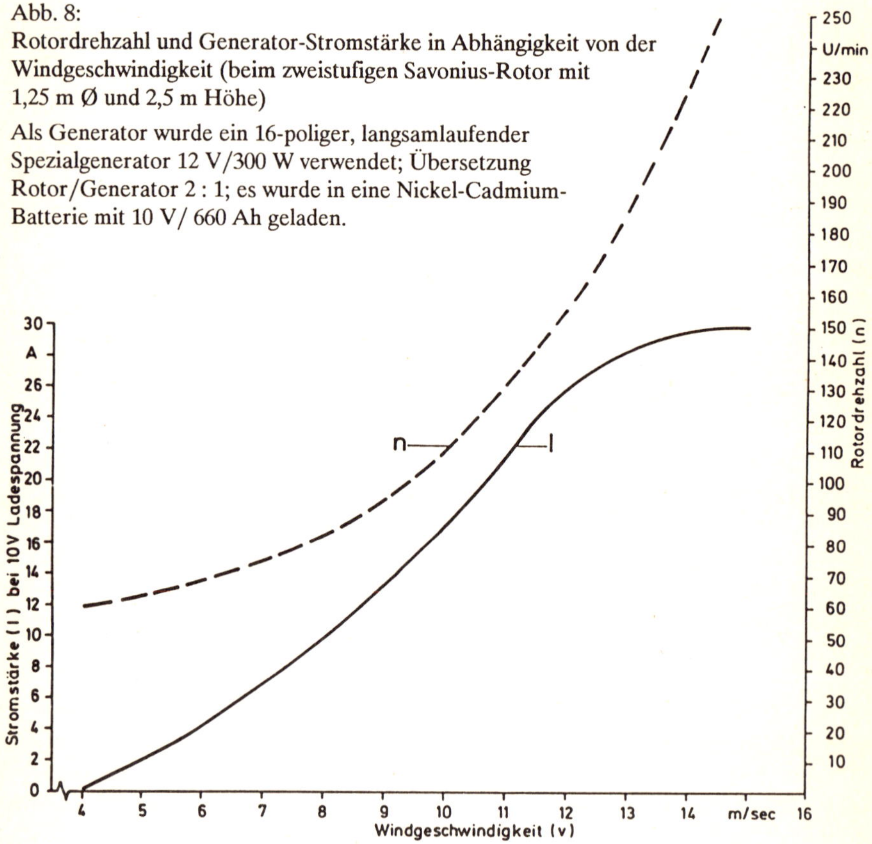

seine Umfangsgeschwindigkeit in etwa der Windgeschwindigkeit entspricht (Schnellaufzahl 0,8 bis 1). In Abb. 8 sind Meßergebnisse mit dem später noch beschriebenen Generator der Windkraftzentrale zusammengefaßt. Man sieht, daß die Stromerzeugung hier bei 4 m/s Windgeschwindigkeit beginnt und zwar bei einer Ladespannung von 10 Volt (fast leere Batterie), einer Rotordrehzahl von 60 U/min und einer entsprechenden Generatordrehzahl von 120 U/min. Bei einer Windgeschwindigkeit von 12 - 14 m/s erreicht der Generator seine Höchstleistung von 300 W und wird elektronisch abgeregelt. An der stark ansteigenden Rotordrehzahl wird deutlich, daß die vom Rotor angebotene Energie nicht mehr voll genutzt werden kann.

1.5 Anwendungsgebiete

Obwohl Savonius-Rotoren auch für windschwache Gebiete geeignet sind, muß bei der Wahl des Standortes auf möglichst windgünstige Verhältnisse geachtet werden. Der Windschatten von Bäumen oder Gebäuden ist zu vermeiden.
Der beschriebene Savonius-Rotor eignet sich besonders gut für die Wasserförderung z.B. zur Hauswasser- und Weidetränken-Versorgung, zum Schwimmbeckenumwälzen, für Be- und Entwässerungszwecke und zum Füllen und Belüften von Fischteichen. Größere Anlagen könnten auch zur Wassererwärmung über Wirbelbremsen eingesetzt werden. Besonders interessant erscheint der Antrieb von Wärmepumpen, wenn es gelingt, Geräte für variable Drehzahlen zu entwickeln. Auch der Drucklufterzeugung kann Bedeutung zukommen, da Druckluft sich vielseitig verwenden und vor allem verlustlos speichern läßt. Außerdem ist eine einfache druckluftbetriebene Pumpe zur Wasserförderung aus großen Tiefen ab Seite 67 beschrieben.
Die Stromerzeugung ist bei sehr günstigen Windverhältnissen mit einem Spezialgenerator möglich, z.B. zum Aufladen von Batterien zur Versorgung eines kleinen Niedervolt-Netzes. Jagd- und Berghütten, Almen, und Campingplätze, Garten- und Wochenendhäuser, Teilaussiedlungen, Fischzuchtanlagen und ähnliche Einrichtungen können auf diese Weise mit dem allernotwendigsten Strom versorgt werden. Gut bewährt hat sich hier die Kombination der Windturbine mit einem Solargenerator zum Laden der Batterie in der windschwachen Sommerzeit.
Ungeeignet ist das Prinzip des Savonius-Rotors für den Bau großer Windkraftanlagen. Die Einsatzschwerpunkte dürften beim gegenwärtigen Entwicklungsstand vielmehr im Leistungsbereich unter 1 kW liegen - mit anderen Worten der Savonius-Rotor ist zumindest vorerst die Windturbine des kleinen Mannes auf dem Lande, der eine dezentrale Energieversorgung anstrebt.

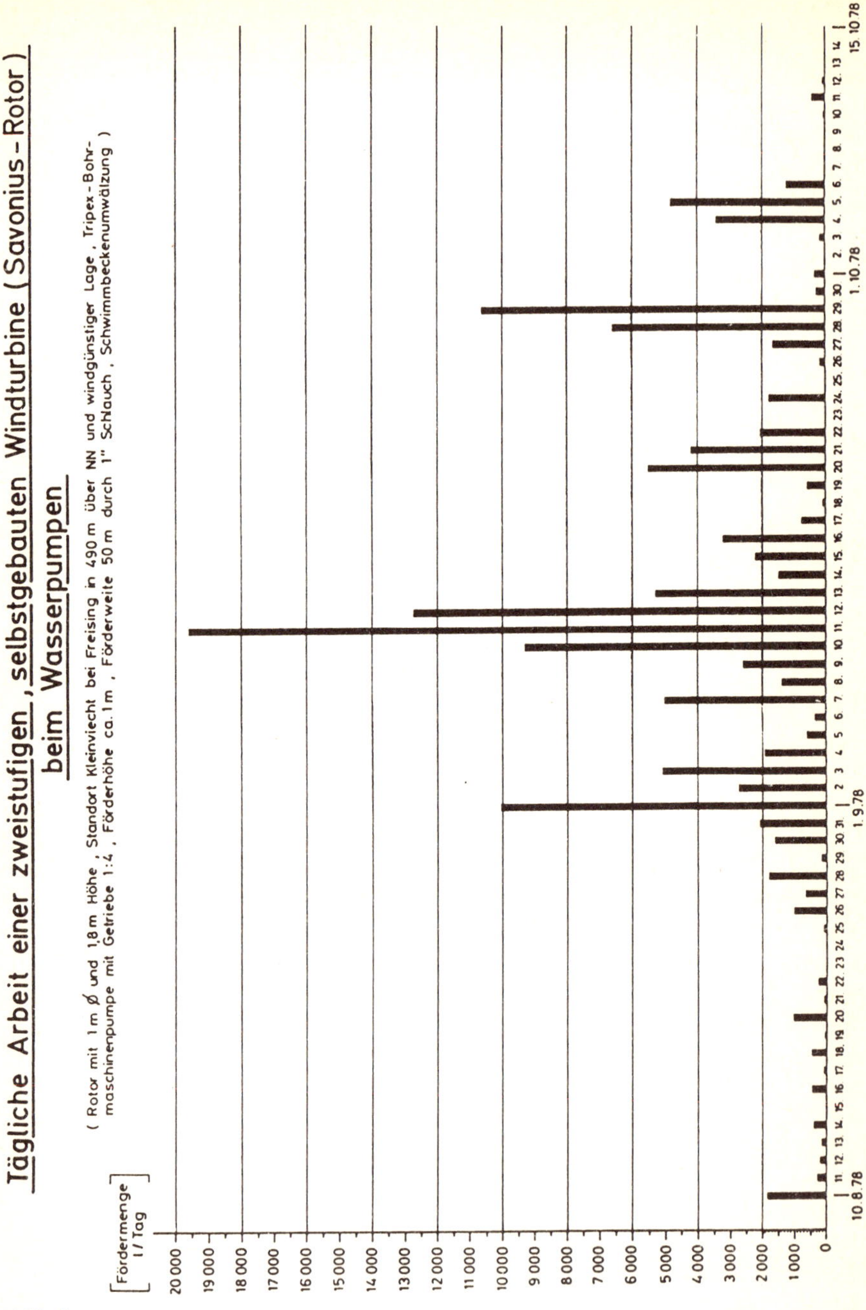

Abb. 9
Tägliche Arbeit eines zweistufigen, selbstgebauten Savonius-Rotors beim Wasserpumpen

2. Arbeitsmaschinen für kleine Windturbinen

Ein Hauptproblem bei der Nutzung von Windenergie ist es, Arbeitsmaschinen (Pumpen, Generatoren, Kompressoren) zu finden, die in ihrem Betriebsverhalten zur Leistungsabgabe der Turbine passen. Da bekanntlich die im Wind enthaltene Energie mit der 3. Potenz der Windgeschwindigkeit steigt, der Leistungsbedarf der meisten Arbeitsmaschinen aber linear oder höchstens im Quadrat mit der Drehzahl steigt, muß man bei der Dimensionierung der Arbeitsmaschine versuchen, einen Kompromiß für bestimmte Windgeschwindigkeiten zu finden.

Nun reizt aber gerade der Savonius-Rotor mit seinen guten Anlaufeigenschaften bei kleinen Windgeschwindigkeiten dazu, die *ganze* Windstärkenskala zu nutzen. Mit einer einzigen Arbeitsmaschine ist dies nur bei der Wärmeerzeugung durch Wasserwirbelbremsen (Schaufelrad im Wasserbad) oder mit fliehkraftgesteuerten Reibungsbremsen möglich, da die Leistung dieser Geräte ebenfalls mit der 3. Potenz der Drehzahl zunimmt. Übliche Pumpen und Generatoren haben hingegen nur in einem bestimmten Drehzahlbereich ihren optimalen Betriebspunkt. Man kann sich beim Savonius-Rotor mit seiner zum Boden führenden Welle aber insofern gut helfen, indem verschiedene Geräte angeschlossen bzw. gekoppelt werden. Membran-, Kolben- oder Exzenterrotorpumpen fördern schon bei niedrigen Windgeschwindigkeiten ab 1,5 m/s Wasser, während bei mittlerem Wind ab 4 m/sec Strom oder Druckluft erzeugt werden können.

Man kann diese Geräte nun von Hand oder automatisch (mittels Fliehkraft- oder Magnetkupplung) an- und abkoppeln und über eine Rollenkette oder ein Schlepperzapfwellen-Profil antreiben.

Ausprobiert wurden folgende Geräte, wobei über die Erfahrungen damit in den nächsten kapiteln berichtet werden soll:

1. Wasserpumpen mit über 2 m Förderhöhe
2. Drucklufterzeugung
3. Stromerzeugung mit Gleichstrom- und Wechselstrom-/Drehstrom-Maschinen

2.1 Wasserpumpen

Es wurden verschiedene Pumpen getestet und vermessen.

- Triplex-Bohrmaschinenpumpe: (Exzenter-Rotor mit Flachschiebern, Keilriemenantrieb 1 : 5, Preis ca. 50 DM) Tabelle 1 zeigt die für diese Pumpe gemessene Abhängigkeit der Förderleistung von der Windgeschwindigkeit. In Abbildung 9 ist eine längere Meßreihe mit dieser Pumpe dargestellt. Die Schwankungen der täglichen Fördermenge zeigen sehr deutlich den ungleichmäßigen Energiefluß des Windes.
- Apollo-Exzenterrollenpumpe Typ 128 (Preis ca. 400 DM): Diese Pumpe wird leider nicht mehr hergestellt. Sie wird normalerweise direkt mit der Zapfwelle angetrieben. Meßergebnisse zu dieser Pumpe finden sich ebenfalls in Tabelle 1.
- Apollo-Zahnradpumpe Typ Enorm 115 (Preis 415 DM): Meßbeispiele zeigt wieder Tabelle 1, wobei die Pumpe noch neu und dadurch zu schwergängig war.
- Membranpumpe der Windpumpenzentrale, Typ 22 (Preis ca. 350 DM): Die Pumpe wird direkt mit einem Exzenter angetrieben. Meßbeispiele finden sich ebenfalls in Tabelle 1.

Die aufgeführten Zahlen sollen nur Anhaltswerte über die Größenordnungen der Förderleistungen geben. Ein direkter Vergleich zwischen den einzelnen

Abb. 10:
Selbstgebaute Reifenpumpe, die in Abb. 11 näher dargestellt ist.

Durch einen Taumelantrieb wird die Drehbewegung der senkrechten Rotorwelle direkt in eine ebenfalls senkrechte Hubbewegung umgewandelt.

Windgeschwindigkeit (gemessen in 2 m Höhe) m/s	Rotordrehzahl U/min	Förderleistung l/min
1. Triplex-Bohrmaschinenpumpe		
1,5	25	1
4,0	100	12
10	200	20
12	250	30
2. Apollo-Exzenterrollenpumpe Typ 128		
1	15	4
1,5	30	7
2	50	12
4	100	22
3. Apollo-Zahnradpumpe Typ Enorm 115		
3	40	8
4	70	14
4. Membranpumpe der Windpumpenzentrale		
1	8	0,5
1,5	15	2
2	36	5
2,5	62	8
4,5	120	20
6	150	18
7	180	16

Tabelle 1: Förderleistung verschiedener Wasserpumpen als Funktion der Windgeschwindigkeit

Pumpenarten ist nicht möglich, da aus technischen Gründen die jeweiligen Windgeschwindigkeiten in verschiedener Höhe über dem Boden gemessen werden mußten.

Um Aussagen über die täglichen Fördermengen des Savoniusrotors mit verschiedenen Pumpen im Vergleich zu einer handelsüblichen Propeller-Windpumpe zu bekommen, wurden Langzeit-Messungen gemacht. Hierbei brachte die *Membranpumpe* bisher die besten Resultate, insbesondere an Tagen mit sehr schwachem Wind. Hohe Windgeschwindigkeiten wurden hingegen von den *Rotorpumpen* besser ausgenutzt, da die Membran bei hohen Hubzahlen zu flattern beginnt. In Abb. 10 und 11 ist eine einfache Reifenpumpe dargestellt, die sich zur Wasserförderung bei geringen Saug- und Druckhöhen sehr gut bewährt hat.

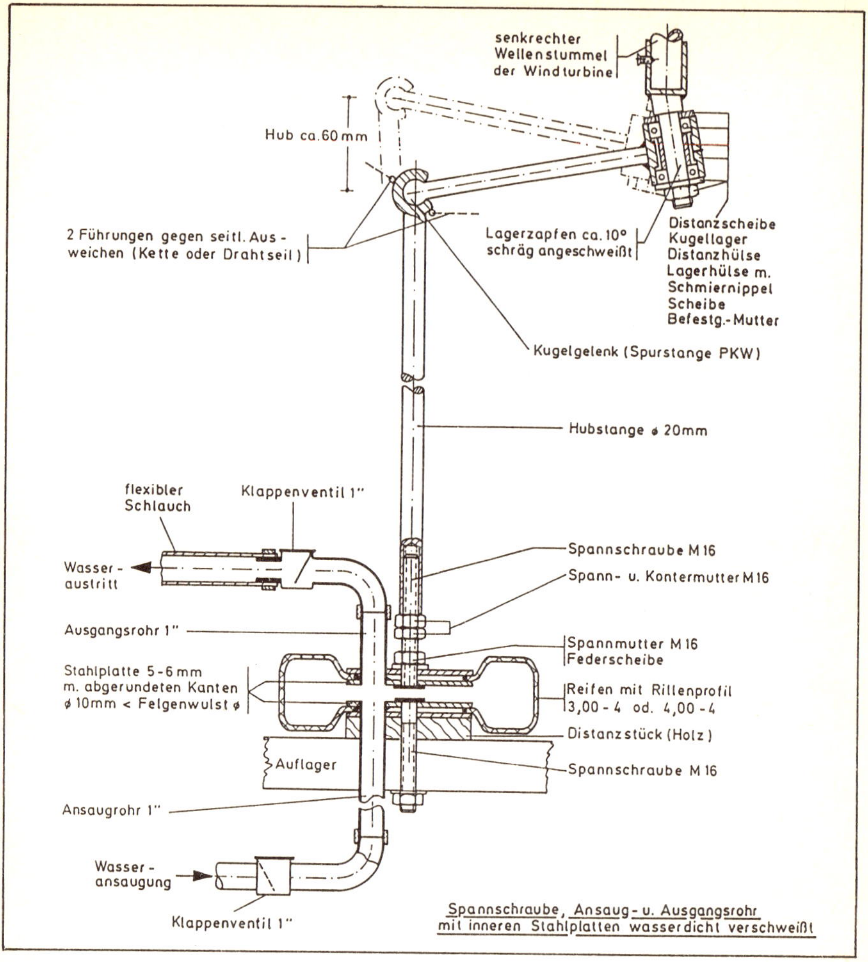

Abb. 11: Reifenpumpe für Savonius- und Durchströmrotoren

2.2 Drucklufterzeugung

Hierzu wurden bisher erst einige Versuche mit einem Kömag-Zapfwellenkompressor, Typ DK 520, (Preis 325 DM) angestellt, der direkt angetrieben wurde. Bei 4 m/s Windgeschwindigkeit wurde Druckluft mit 4,5 bar erzeugt (Abb. 12).

2.3 Stromerzeugung

Bei der relativ geringen Größe des Savonius-Rotors ist nur die Erzeugung von Gleichstrom zum Batterieladen interessant; die Erzeugung von Netzstrom wäre in diesem Leistungsbereich viel zu aufwendig. Eher kommt die Heizstromerzeugung zur Warmwasserbereitung bei den großen Durchströmrotoren (vgl. Kapitel 3) infrage, wie es bei der Anlage Bachmeier/Holzen praktiziert wird.

Abb. 12
Erster Versuch, mit dem Savonius-Rotor gleichzeitig Wasser zu fördern und Druckluft zu erzeugen. Von der senkrechten Rotorwelle wird im oberen Teil mit Keilriemen eine Exzenterrotorpumpe und unten direkt ein Zapfwellenkompressor angetrieben.

Die üblichen Versuche mit Kraftfahrzeug- und Zug-Lichtmaschinen verliefen negativ. Diese Generatoren sind bekanntlich auf hohe Drehzahlen über 1000 U/min ausgelegt. Bei entsprechend großer Übersetzung lassen sich diese zwar mit der Windturbine erzeugen, der Antrieb schluckt aber bei niedrigen und mittleren Windgeschwindigkeiten so viel Kraft, daß eine Stromerzeugung nur bei Sturm möglich ist. Durch Fremderregung des Generators über Batteriestrom gelingt es zwar, auf niedrige Drehzahlen von 500 - 600 U/min zu kommen, aber man steckt dabei mehr Energie in den Generator hinein, als man herausbekommt.

Lediglich durch Umwickeln des Lichtmaschinenstators mit dünnerem und entsprechend längerem Draht gelingt es, schon bei Drehzahlen unter 500 U/min auf die erforderliche Ladespannung zu kommen. Dabei sinkt natürlich die Stromstärke und Maximalleistung. Eine Bauanleitung hierzu liefert Christian Kuhtz, Sternwartenweg 40, 2300 Kiel. Zu einem Preis von 70-100 DM wickelt er auch eingeschickte geeignete Generatoren um (bisher wenigstens!).

Fertige Kfz-Generatoren für 12 Volt-Batterien mit einer Maximalleistung von ca. 150 W bei 1200 U/min, die bereits ab 450 U/min Strom liefern, bietet die Fa. A. Harbarth, Selbstbaubedarf für Windkraftanlagen, Hecheln 32, 7769 Mühlingen an. Da jedoch die in China hergestellten und ebenfalls von Harbarth gelieferten Drehstromgeneratoren (vgl. Seite 41 und 42) mit Permanentmagnet-Erregung und Brückengleichrichter recht preiswert sind und ausgezeichnete Eigenschaften besitzen, sollte man von der Verwendung von Kfz-Lichtmaschinen möglichst Abstand nehmen.

Der technisch sicherste Weg besteht nämlich darin, einen für niedrige Drehzahlen konstruierten, vielpoligen Generator zu verwenden, der wesentlich größer, aufwendiger und teurer ist, als eine Kfz-Lichtmaschine. Ein derartiger Generator wurde von der Windkraftzentrale für 12 Volt Gleichstrom mit einer Nennleistung von 300 W entwickelt und kostet ca. 2.200 DM. Er ist mit elektronischem Drehzahlschalter und Spannungsregler ausgerüstet und wird mit einer Batterie gekoppelt. Der Antrieb mit Keilriemen ist wegen der niedrigen Drehzahlen und hohen Drehmomente problematisch (Schlupf). Besser ist eine Rollenkette (Moped- oder Fahrradkette). Ein Betrieb ohne Batterie ist wegen Fremderregung nicht möglich.

Wie aus Abb. 8 ersichtlich ist, beginnt dieser Generator schon bei niedrigen Drehzahlen (ab 4 m/s) mit der Stromerzeugung. Nachteilig ist leider die Tatsache, daß gerade bei niedrigen und mittleren Windgeschwindigkeiten ein leistungsminderndes ständiges Ein- und Ausschalten der Erregung durch die Elektronik zu beobachten ist, die sich übrigens auch als kälteempfindlich gezeigt hat. Außerdem kann bei leerer Batterie kein Strom erzeugt werden, was in der Praxis Probleme mit sich bringt.

Für experimentierfreudige Leute, die auf der Suche nach preiswerteren Gleichstromgeneratoren sind, noch folgende Hinweise:

Abb. 13
Westinghouse AC-Generator, der dreiphasigen Wechselstrom (Drehstrom) erzeugt. Die Ankerwicklung wird von einem permanentmagneterregten Hilfsgenerator (rechts auf der Welle) mit Strom für die Erregung versorgt.

- Man kann aus einem langsamlaufenden Drehstrom-Kurzschluß-Motor einen selbsterregenden Generator bauen, indem die Kurzschlußstäbe im Läufer durch Permanentmagnete ersetzt werden (vgl. Abb. 14 - 16). Nähere Auskunft gibt: Albin Siegl, Seligerstr. 1, 8832 Weissenburg

  Da Arbeitszeit und Kosten für einen derartigen Selbstbau kaum zu kalkulieren sind und man auch noch nicht weiß, was am Ende dabei herauskommt, kann der Selbstbau solcher Generatoren nur Leuten empfohlen werden, die Zeit und Geduld haben und obendrein auch noch etwas von Elektromaschinen und Ankerwickeln verstehen.

- Bei den Bundesbahn-Ausbesserungswerken gibt es manchmal gebrauchte »Zuglichtmaschinen« älterer Bauart, von denen einige Typen auch für niedrige Drehzahlen geeignet sind. Es sind dies selbsterregte, »klassische« Gleichstromgeneratoren. Erprobt wurde die »Bosch D 25«, die bei 1.500 U/min eine Maximalleistung von 600 W bei 24 V Ladespannung bringt.
- Die Fa. Elektro-Artmann, 8304 Mallersdorf, Marktstr. 33 führt ein großes Sortiment an Generatoren unterschiedlicher Größe und Ausführung aus Sonderbeständen und erfüllt auch Sonderwünsche, z.B. durch Umwickeln der Generatoren für niedrigere Drehzahlen.
- Die kleineren LKW-Kälteaggregate der Fa. Thermo-King werden mit einem Westinghouse AC-(Wechselstrom)-Generator angetrieben, mit dem der Verfasser sehr gute Erfahrungen an seiner Windturbine sammeln konnte (Abb. 13). Es ist ein schleifringloser Drehstromgenerator mit Vorerregung durch kleine Permanentmagnete, der normalerweise bei 3.000 U/min Drehstrom mit 2 kW Maximalleistung bei 380 V erzeugt. Er läuft im Gegensatz zu Generatoren mit Kollektor oder großen Permanentmagneten sehr leicht an und erzeugt schon bei 220 U/min eine Leerlaufspannung von 6 V, bei 300 U/min von 12 V und bei 500 U/min von 24 V. Über eine Diodenplatte aus einer KFZ-Drehstrom-Lichtmaschine mit 6 in Brückenschaltung angeordneten Dioden wird der Drehstrom gleichgerichtet. Mit diesem Generator kann man der Windturbine in einem sehr grossen Drehzahlbereich Leistung abnehmen, wenn man die aufzuladende Batterie in mehrere Blöcke aufteilt, die je nach Windgeschwindigkeit mit niedriger Spannung parallel oder mit höherer Spannung in Reihe geschaltet werden. Bei den Thermo-King-Vertretungen kostet ein neuer Generator ca. 1.500 DM, ein gebrauchter ca. 500 DM.

Im Rahmen der Diplomarbeit von Noe (siehe Literaturverzeichnis) wurde an der Landtechnik Weihenstephan ein Prüfstand zur Untersuchung von Generatoren für kleine Windkraftanlagen bis ca. 2 kW Nennleistung aufgebaut. Dabei konnten Spannung, Stromstärke und Wirkungsgrad bei unterschiedlicher Drehzahl und Belastung gemessen werden. Hier zeigte es sich, daß die von Albin Siegl entwickelten Selbstbau-Generatoren schon bei sehr niedrigen Drehzahlen mit der Stromerzeugung beginnen und die besten Wirkungsgrade auch im Teillastbereich aufweisen, weil kein Erregerstrom nötig ist (vgl. Abb. 14, 15 und 16). Allerdings sind Spannung und Stromstärke direkt drehzahlabhängig und lassen sich nicht wie bei fremderregten Generatoren regeln. Beim Laden von Batterien oder für die Wassererwärmung über Heizstäbe ist dies jedoch kein grundsätzlicher Nachteil.

Abb. 14
Mit Permanentmagneten bestückter Anker eines Drehstromgenerators, von Albin Siegl selbst hergestellt. In leicht spiralförmiger Anordnung sind die handelsüblichen Magnete auf ein Aluminiumrohr aufgeklebt und in der Drehbank überschliffen.

Abb. 15
Von einem ehemaligen Kurzschlußläufer-Motor (Langsamläufer) stammen das Gehäuse und das Polblechpaket des Generators, dessen Anker oben abgebildet ist. Die Wicklung wurde neu eingebracht. Nur Leute mit Zeit, Geduld und Fachkenntnissen sollten an solch ein Projekt herangehen, zumal es noch keine schriftlichen Unterlagen dafür gibt.

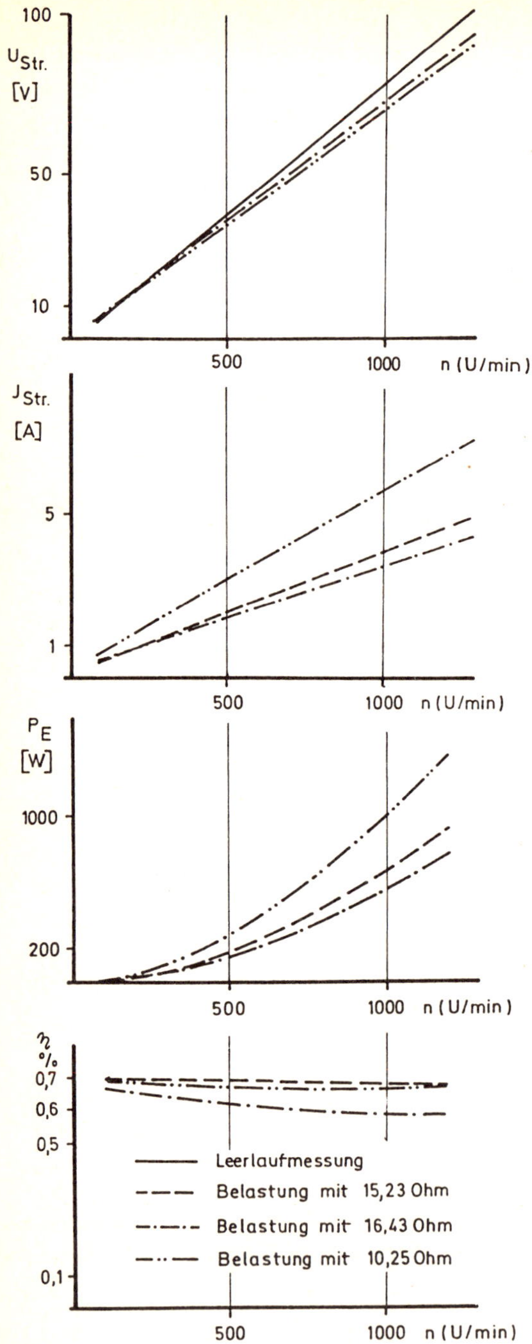

Abb. 16:
Kennlinien d…
generators v…
Strangspannu…
stromstärke, …
Wirkungsg…
gen, perman…
regten Drehstrom…
tors bei unterschiedlich…
Drehzahl und Belastung
(Dreieckschaltung).

▲

Strangspannung U als Funktion der Drehzahl (Parameter: Belastung)

◀

Strangstromstärke I als Funktion der Drehzahl (Parameter: Belastung)

◀

Leistung P als Funktion der Drehzahl (Parameter: Belastung)

◀

Wirkungsgrad n als Funktion der Drehzahl (Parameter: Belastung)

Nun wird allerdings nicht jeder, der einen Savonius- oder Durchströmrotor baut oder plant, in der Lage sein, einen Generator »System Siegl« selbst zu bauen. Daher nachfolgend noch die Anschriften von Firmen, die auch kleinere Dreh- bzw. Wechselstromgeneratoren mit Permanentmagneten bauen, deren Produkte ich aber noch nicht erproben konnte:

- Fa. Elektro GmbH, St. Galler Str. 27, CH-8400 Winterthur
- Ing. H.G. Czech, Rosenhammer 22, 8581 Weidenberg/Ofr.
- Fa. Hübner, Elektromaschinenbau, Siemensstr. 7, 6300 Gießen

Dreh- und Wechselstromgeneratoren nach Kundenangabe mit Permanentmagneten baut die Fa. Elektro-Lips, Tretzendorf 13, 8729 Oberaurach. Da Teile von handelsüblichen Motoren verwendet werden, sind sie relativ preiswert. So kostet ein Generator mit 0,5 kW Nennleistung, der bei 500 U/min eine Leerlaufspannung von 120 V erreicht und bei Belastung mit 10 Ohm 40 V und 10 A bringt, ca. 650 DM. 12 V - Batterien können schon ab 50 U/min geladen werden.
Einen Generator dieser Art habe ich in der Erprobung und kann ihn für kleinere Savonius- und Durchström-Rotoren empfehlen, wenn man die hohe Spannung, die dieser Generator bei höheren Drehzahlen erzeugt (200 V bei 800 U/min) auch nutzen kann (eventuell mit Trafo oder Wandler heruntersetzen, um beim Batterieladen größere Stromstärken und Leistungen zu erhalten).

2.4 Bauarten von Permanentmagnet - Generatoren

Die Verwendung von Generatoren mit Permanentmagnet-Erregung erlangt bei Windkraftanlagen zum Batterieladen oder zur Heizstromerzeugung zunehmende Bedeutung, weil diese Maschinen relativ unproblematisch zu betreiben sind und auch im Teillastbetrieb gute Wirkungsgrade erreichen. Daher möchte ich nachfolgend näher auf die verschiedenen Bauarten eingehen und einige wichtige Hinweise geben.

Bei einem Generator (oder Motor) mit Permanentmagneten wird das für die Stromerzeugung (bzw. Drehbewegung) notwendige magnetische Feld nicht wie bei den meisten anderen Maschinen durch eine stromdurchflossene Wicklung erzeugt, sondern eben durch die Permanentmagnete. Dadurch entfällt der Stromverbrauch für die Feldwicklung, der bei niedrigen Drehzahlen des Generators größer sein kann als die erzeugte Nutzenergie. Im Gegensatz zu eigen- oder kondensatorerregten Generatoren, bei denen erst ab einer bestimmten, relativ hohen Drehzahl ein genügend starkes Magnetfeld aufgebaut wird, um

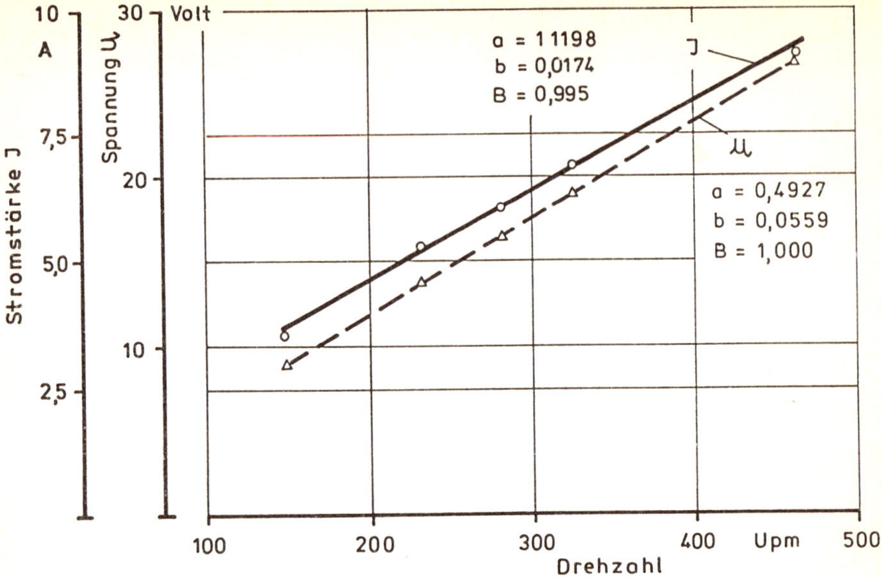

Abb. 17
Leerlaufspannung U und Kurzschlußstrom I der permanentmagneterregten Gleichstrommaschine EC von Artmann/Mallersdorf bei Antrieb als Generator

nutzbaren Strom zu erzeugen, liefern solche mit Permanentmagneten schon bei niedrigen Drehzahlen Spannung und Strom. So kann man mit jedem Permanentmagnetgenerator schon durch Drehen an der Welle einen Spannungsmesser (Voltmeter) zum Ausschlagen bringen. Schließt man die Generatorklemmen kurz, beispielsweise durch Zwischenschalten eines Strommessers (Amperemeter), so merkt man, wie schwer sich nun die Welle drehen läßt und wieviel Kraft die Stromerzeugung erfordert.

Spannung und Stromstärke sind bei Permanentmagnet-Generatoren linear abhängig von der Drehzahl (Abb. 17). Ist eine bestimmte Mindest-Spannung vorgegeben, wie z.B. beim Laden einer Batterie, so kann der Generator natürlich nur ab einer bestimmten Drehzahl (= Mindestgeneratorspannung) Strom in die Batterie schaffen und sie aufladen. Bei Erhöhung der Drehzahl vergrößert sich sich dann nur die Stromstärke, während die Batterie je nach Ladezustand und innerem Widerstand die Generatorspannung weitgehend konstant hält. Man braucht daher keine Angst zu haben, daß die Batterie bei hohen Drehzahlen durch »Überspannung« beschädigt wird. Allerdings ist darauf zu achten, daß die zulässige Ladestromstärke nicht überschritten und die Batterie nicht überladen wird.

Windturbine, Generator und Batterie müssen daher in Leistung und Kapazität aufeinander abgestimmt sein. Wird der Strom aus der Batterie nicht laufend verbraucht und besteht - wie etwa bei einem Wochenend- oder Ferienhaus - die Gefahr des Überladens, so muß ein Laderegler eingesetzt werden, der beim Erreichen einer oberen Grenzspannung den Generator von der Batterie trennt und sie erst wieder koppelt, wenn die Batteriespannung durch Entladen zurückgegangen ist. Will man vermeiden, daß die Windturbine bei der Trennung von der Batterie leer läuft und bei hohen Windgeschwindigkeiten zu hohe Drehzahlen erreicht, sollte man - durch den Laderegler gesteuert - einen ausreichend starken Lastwiderstand anstelle der Batterie aufschalten, der die Generatorenergie in Wärme umwandelt. Bei größeren Rotoren und guten Windverhältnissen kann man auch Heizwiderstände zur Wassererwärmung einsetzen. Geeignete Rohrheizwiderstände zum Einschrauben in Druckwasserspeicher für 12 und 24 V liefert z.B. die Fa. Harbarth (vgl. Bezugsquellenverzeichnis am Ende des Buches).

Neben der Drehzahl sind Spannung und Stromstärke auch noch von der Stärke des Magnetfeldes, der Polzahl und der Länge der stromerzeugenden Wicklung abhängig. Um schon bei niedrigen Drehzahlen ausreichend hohe Spannungen erzeugen zu können und eine hohe, mehrstufige und leistungsmindernde Übersetzung zu vermeiden, sollte man einen möglichst vielpoligen Generator wählen. In der Regel bringen 2-polige Generatoren ihre Nennleistung bei 3.000 U/min, 4-polige bei 1.500 U/min und so weiter. Brauchbar für unsere Zwecke sind Generatoren mit mindestens 4, besser 6 oder 8 Polen. Spezialisten haben sich schon Generatoren mit 32 oder gar 72 Polen selbst gebaut oder beschafft, die direkt, also ohne Übersetzung, von der Windturbine angetrieben werden. Wegen der extrem niedrigen Drehzahl sind sie naturgemäß groß, schwer und materialaufwendig.
Wieviel Pole ein Permanentmagnet-Generator hat, kann man auch von außen feststellen, indem man die Wicklungen am Klemmenbrett kurzschließt und die Welle von Hand dreht. Deutlich spürt man jetzt das sogenannte »Ribbelmoment« (Polfühligkeit) der Magnete, also einen wechselnden Widerstand gegen die Drehbewegung. Die Zahl dieser »Ribbelmomente« bei einer Wellenumdrehung entspricht der Polzahl.

Hat man - wie es mir oft ergeht - einen Generator aus Sonderbeständen oder vom Edelschrottplatz ohne Typenschild und Datenblatt in der Hand und möchte wissen, welche Spannungen und Leistungen er bei verschiedenen Drehzahlen bringt, so ist es am einfachsten, ihn mittels Bohrmaschine oder Drehbank anzutreiben und Spannung und Kurzschlußstrom zu messen. Trägt man die Werte in ein Diagramm nach Abb. 17 auf, so kann man sich schon ein gutes Bild von den Eigenschaften des Generators machen. Zu beachten ist aber, daß bei der Messung des Kurzschlußstroms hohe Drehmomente auftreten, welche

die Drehzahl der Bohrmaschine und auch einer kleineren Drehbank merklich reduzieren, so daß ein Drehzahlmesser hilfreich ist. Außerdem darf man zum Errechnen der Leistung nicht einfach die Leerlaufspannung mit der Kurzschlußstromstärke multiplizieren. Beide Werte fallen nämlich im praktischen Betrieb des Generators bei Belastung mit einem Arbeitswiderstand bzw. einer Batterie merklich niedriger aus. Dabei geht die Spannung umso stärker zurück, je niedriger der Lastwiderstand ist, während die Stromstärke bei zunehmendem Lastwiderstand zurückgeht.
Einen noch besseren Einblick in die Eigenschaften des Generators bekommt man daher, wenn man ihn bei verschiedenen Drehzahlen unterschiedlich stark belastet. Dazu benötigt man entweder einen Schiebewiderstand oder noch besser einen Akkumulator, bei dem die Pole der einzelnen Zellen offenliegen, so daß man verschiedene Spannungen abgreifen kann. Dies ist der Fall bei den älteren KFZ-Batterien mit Polbrücken aus Blei sowie bei stationären Nickel-Cadmium- und Bleiakkus, die aus Einzelzellen zusammengesetzt sind. Stehen nur moderne Autobatterien mit verkapselten Polbrücken zur Verfügung, so lassen sich damit immerhin die Spannungen 12, 24 und 36 V, usw. erzeugen, aber leider keine Spannungen unter 12 V und feiner abgestufte Zwischenwerte. Notfalls helfen auch die handelsüblichen, aufladbaren kleinen Nickel-Cadmium-Zellen oder Power-Packs weiter, wie sie heute vielfach in Taschenlampen, Tonbandgeräten, Transistorradios und batteriebetriebenen Heimwerker- und Gartengeräten verwendet werden. Vor allem die neuen, für Schnell-Ladung geeigneten »Superzellen« von Panasonic wie »Go Amp«, »Red Amp« und »High Amp Plus«, die sich durch einen sehr niedrigen Innenwiderstand auszeichnen und kurzfristig Ströme bis zu 30 A abgeben und aufnehmen können, sind in den Größen »Mono« und »Baby« für die Vermessung von Generatoren im niedrigen Spannungsbereich von 1,2 bis 12 V geeignet.
Man treibt also mit einer Bohrmaschine oder Drehbank den Generator an und mißt bei verschiedenen Drehzahlen die Spannung und den Strom sowie möglichst auch die genaue Drehzahl, indem man den Generator kurzzeitig mit einer oder mehreren hintereinandergeschalteten Zellen verbindet. Dabei muß natürlich auf die richtige Polung und bei Wechsel- oder Drehstromgeneratoren auf die Gleichrichtung des Stromes geachtet werden. Bei Gleichstromgeneratoren mit Kollektor sollte eine Sperrdiode zwischen Generator und Batterie geschaltet werden, damit bei niedrigen Generatordrehzahlen und höheren Batteriespannungen nicht der Strom von der Batterie in den Generator fließt und diesen als Motor antreibt (vgl. Abb. 22).

Die gemessenen Werte trägt man wieder in ein Diagramm gemäß Abb. 18 ein und erhält bei exakter Messung schön gerade und parallel verlaufende Linien. Aus diesem Diagramm läßt sich z.B. ersehen, daß der gemessene Generator in Abb. 18 bei nur 135 U/min schon eine 6 Volt-Batterie mit 1 A aufladen kann,

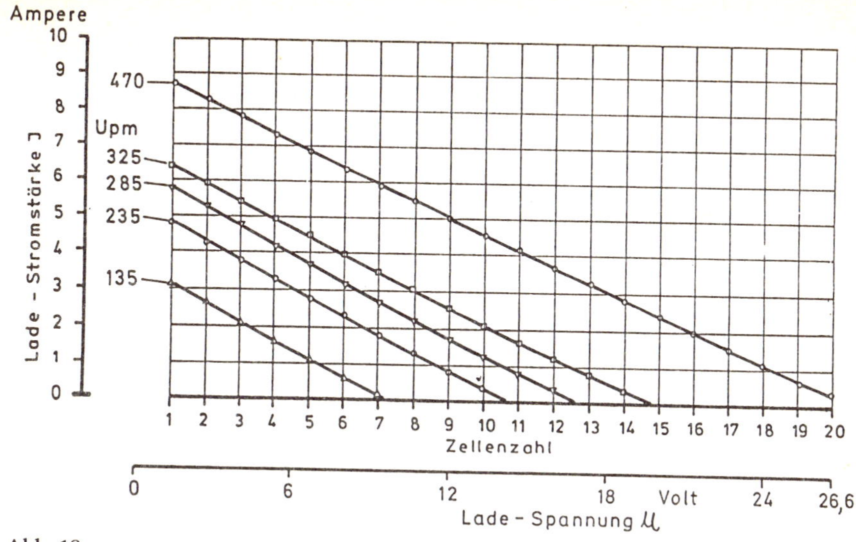

Abb. 18
Ladestromstärke I und Ladespannung U der permanentmagneterregten Gleichstrommaschine EC von Artmann/Mallersdorf beim Laden einer Nickel-Cadmium-Batterie mit 30 Ah Kapazität bei verschiedenen Drehzahlen und Zellenzahlen.

Abb. 19
Leistung N der permanentmagneterregten Gleichstrommaschine EC von Artmann/Mallersdorf beim Laden einer Nickel-Cadmium-Batterie mit 30 Ah Kapazität bei verschiedenen Drehzahlen und Zellenzahlen.

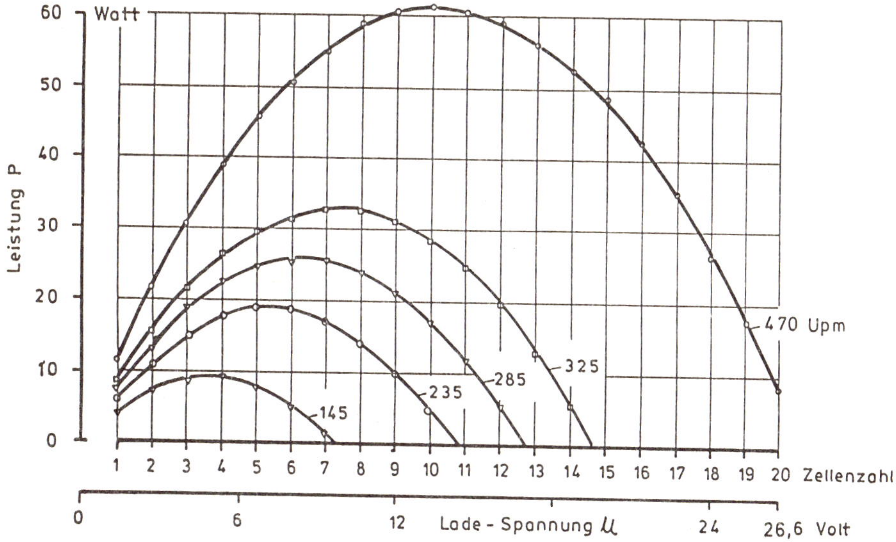

aber noch keinesfalls eine solche mit 12 oder gar 24 V. So sind für 12 V mindestens 235 U/min erforderlich und für 24 V sogar mindestens 470 U/min.

Noch mehr Einblick in diese Zusammenhänge gewinnen wir, wenn wir aus den Werten von Abb. 18 Leistungskurven erstellen, indem wir Ladespannung und -stromstärke multiplizieren, wie es in Abb. 19 dargestellt ist. Hier sehen wir eindrucksvoll, daß ein Leistungsoptimum des Generators (Gipfel der Kurven) bei den verschiedenen Drehzahlen immer nur in bestimmten Spannungsbereichen gegeben ist. So liefert dieser Generator bei 470 U/min eine optimale Leistung nur im Spannungsbereich von ca. 8 - 16 V. Das Laden von Batterien mit niedrigerer oder höherer Spannung ist bei dieser Drehzahl zwar möglich, aber nur mit wesentlich geringerer Leistungsausbeute.

Was aber kann man tun, wenn schon ein Generator vorhanden ist, der für die vorgesehene Batterie zu niedrige oder - was seltener vorkommt - zu hohe Spannungen erzeugt? Am einfachsten läßt sich die Spannungslage bei einem Drehstromgenerator durch Schaltung der 3 Wicklungen im Stern oder Dreieck beeinflussen, jedoch nur im festen Verhältnis von 1 : 1,7 (vgl. Abb. 22). Außerdem läßt sich bei Wechsel- und Drehstromgeneratoren mit Hilfe eines Transformators die Spannung nach oben oder unten verändern, allerdings mit gewissen Verlusten, die auch frequenzabhängig sind. Für kleine Gleichstromgeneratoren gibt es neuerdings bei der Fa. Conrad-Electronic (siehe Bezugsquellenhinweise) Spannungswandler zu einem Preis von 60 - 80 DM, die Gleichstrom bis 10 A von 6 auf 12 V, von 12 auf 24 V oder von 24 auf 12 V wandeln können, und zwar mit Wirkungsgraden von ca. 90%.

Der gegenwärtige Entwicklungsstand und die starke Verbreitung permanentmagneterregter Motoren und Generatoren konnte nur durch die neue Technologie der Sintermagnete erreicht werden. Diese Dauermagneten werden aus Metallpulver durch Pressen und Sintern oder Gießen mit Kunstharzbindung in weitgehend beliebigen Formen (Stäbe, Platten, Ringe, Schalen) hergestellt und zeichnen sich durch hohe Magnetkraft und geringe Entmagnetisierungsverluste aus. Bekannte Namen sind Ferroxdure, Ticonal, Samarium-Cobalt und RES. Der Bau stromsparender, kleiner und kleinster Elektromotoren, wie sie heute vielfach in Modellbau, Unterhaltungstechnik, KFZ-Technik und Haushalt eingesetzt werden, wäre ohne diese Magnete nicht möglich.

Für unsere Zwecke kommen folgende 3 Generator-Bauarten mit Permanent-Magneten infrage:

1. Gleichstromgeneratoren

Die Stromabnahme erfolgt über einen Kollektor mit Kohlebürsten, wodurch sie bei Gleichstromzufuhr auch als Motor laufen können. Diese Maschinen

werden sowieso meistens als Motor konzipiert und eingesetzt. In der kleinen Ausführung mit ein paar Watt Leistung findet man sie in Photoapparaten, Film- und Videokameras, Kasettenrecordern und Spielzeugen, geeignet für den Betrieb an Trockenbatterien oder NC-Akkus. Treibt man sie über die Welle an, so liefern sie als Generator einige Volt Spannung und bis zu 1 A Strom, allerdings erst bei recht hohen Drehzahlen von 3000 U/min und mehr, da es sich in der Regel um 2-polige Maschienen handelt.
Etwas größere Typen, die man zum Experimentieren an einem kleinen Savonius-Rotor-Modell schon eher verwenden kann, haben Leistungen von 10 bis 60 W und finden in unseren Autos Verwendung, als Motoren für elektrische Fensterheber, Scheibenwischer, Scheiben- und Scheinwerfer-Waschpumpen, Heizungsgebläsen und bei einigen Fabrikaten auch zum elektrischen Antrieb des Kühlerventilators. Aufgrund der Ausführung der Lagerung und durch den Kohleverschleiß sind diese Typen natürlich nicht für den jahrelangen Dauerbetrieb in Windkraftanlagen geeignet; für den Anfang und zum Sammeln von Erfahrungen sind aber durchaus brauchbar. Da diese Maschinen Gleichstrom liefern, kann man sie direkt mit der Batterie verbinden (Plus an Plus und Minus an Minus). Eine Sperrdiode in einer der beiden Leitungen verhindert, daß bei Windstille oder zu niedrigen Drehzahlen Strom aus der Batterie zum Generator fließt und diesen als Motor antreibt (Abb. 22).
Leider laufen auch diese Maschinen noch mit recht hohen Drehzahlen von 1.500 - 3000 U/min, die eine entsprechende Übersetzung verlangen, wenn man eine 12 V-Batterie aufladen will und sich nicht mit 6 V zufrieden gibt. Besser wäre daher eine größere und auch robustere 24 V-Maschine aus einem LKW oder Bus, die schon bei niedrigeren Drehzahlen genügend Spannung für eine

Abb. 20
Permanentmagnet-erregte Gleichstrommaschinen, die als Motor und Generator arbeiten können. (Hersteller: Dunkermotorenwerk, 7823 Bonndorf/Schwarzwald)

12 V-Batterie bringt. Aber Achtung: hier sind nicht wie beim PKW grundsätzlich Permanentmagnet-Motoren eingebaut, manche dieser Motoren arbeiten auch mit der stromzehrenden Feldwicklung. Mit unserer oben beschrieben Methode (Drehen an der Welle bei kurzgeschlossener Wicklung) läßt sich jedoch schnell feststellen, ob Permanentmagneten vorhanden sind.

Die nächstgrößere Gruppe permanentmagnet-erregter Gleichstrommaschinen deckt den Leistungsbereich von 100 - 1.500 W ab (Abb. 20). Sie werden vor allem als Stellmotoren für Werkzeugmaschinen und Industrieanlagen sowie in der Wehrtechnik eingesetzt, und zwar deshalb, weil die Drehzahl streng linear zur angelegten Spannung verläuft. Die Messungen nach Abb. 17 bis 19 wurden an einer solchen Maschine gemacht. Da Stellmotoren meist für größere Gleichspannungen bis 70 V ausgelegt sind, bringen diese Maschinen beim Einsatz als Generator schon brauchbare Spannungen bei niedrigen Drehzahlen. Bei der Fa. Artmann in Mallersdorf (vgl. Bezugsquellenverzeichnis) gibt es immer wieder preiswerte Geräte dieser Bauart aus Sonderbeständen. Da sie meist mit Kugellagern und standfesten, leicht auswechselbaren Kohlen ausgerüstet sind, eignen sie sich gut für den Dauerbetrieb an kleinen Windturbinen.
Zu dieser Bauart und Größenklasse gehören auch die akkumulatorbetriebenen Elektro-Außenbordmaschinen mit Nennleistungen von 85 bis 1450 W für 12 und 24 V. Sie sind für besonders hohe Wirkungsgrade gebaut und weisen mehrere Wicklungsausgänge auf, so daß man sie mit verschiedenen Drehzahlen und Leistungen schalten kann. Bekannte Firmen sind »Accumot«, »Minn Kota« und »Noris/Shakespeare«. Im Yacht- und Bootshandel sind solche Motoren als Ersatzteil erhältlich (Abb. 21).

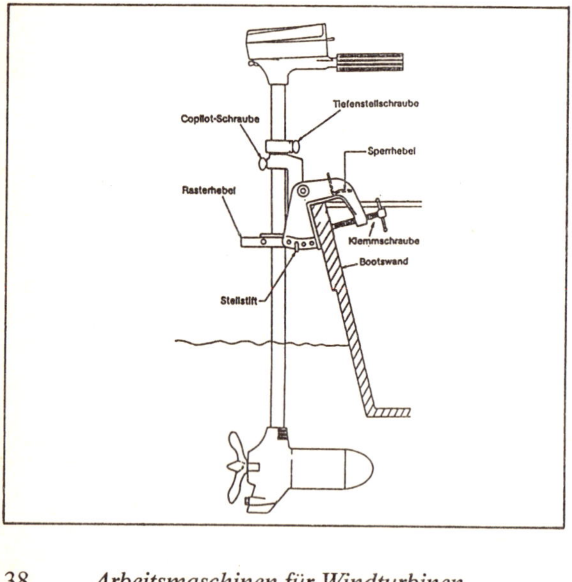

Abb. 21
Batteriebetriebene Außenbordmotoren werden derzeit zunehmend in Gewässern eingesetzt, die mit Verbrennungsmotoren nicht mehr befahren werden dürfen. Der die Schiffsschraube antreibende Permanentmagnet-Motor ist einzeln als Ersatzteil erhältlich und gut als kleiner Windgenerator geeignet.

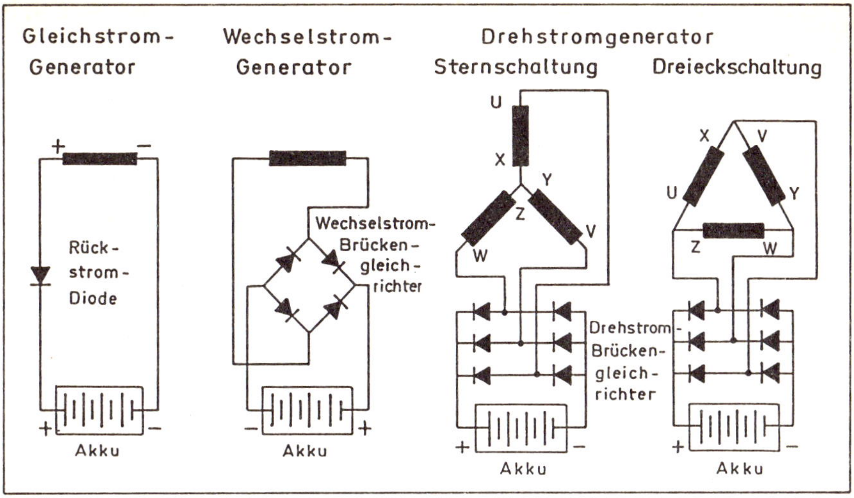

Abb. 22: Schaltungen zum Anschluß verschiedener Generatoren an einen Akkumulator

Bei den bisher beschriebenen Gleichstrommotoren bzw. -generatoren sind die schalenförmigen Permanentmagnete am feststehenden Gehäuse befestigt, während der Strom im rotierenden Anker erzeugt wird. Deshalb ist ein Kollektor (Kommutator) erforderlich, der den Strom gleichrichtet und an die Kohlebürsten abgibt. Dem Vorteil, daß man diese Maschinen unproblematisch als Motor oder Generator betreiben und sie preiswert in verschiedenen Größen bekommen kann, steht der Nachteil von Reibung und Verschleiß der Kohlen gegenüber.

2. *Wechsel- und Drehstromgeneratoren*

Hier ist die stromführende Wicklung als Stator am Gehäuse befestigt, während die Permanentmagnete mit der Welle rotieren. Kollektor und Kohlen entfallen und außer den zwei Lagern gibt es keine Verschleißteile. Einfacher, reibungsärmer und effizienter geht es nicht mehr (vgl. Abb. 14 und 15)! Man kann diese Generatoren, die natürlich nicht mit Gleichstrom als Motor laufen können, entweder für einphasigen Wechselstrom (2 Wicklungsenden am Klemmenbrett) oder für Drehstrom (6 Wicklungsenden am Klemmenbrett) bauen.

Vorteil des Wechselstroms: Für die Gleichrichtung kommt man mit 4 Dioden aus (bei Drehstrom mit 6 Dioden), und falls erforderlich läßt sich mit einem einfachen Transformator die Spannung herauf- oder heruntersetzen. Außer-

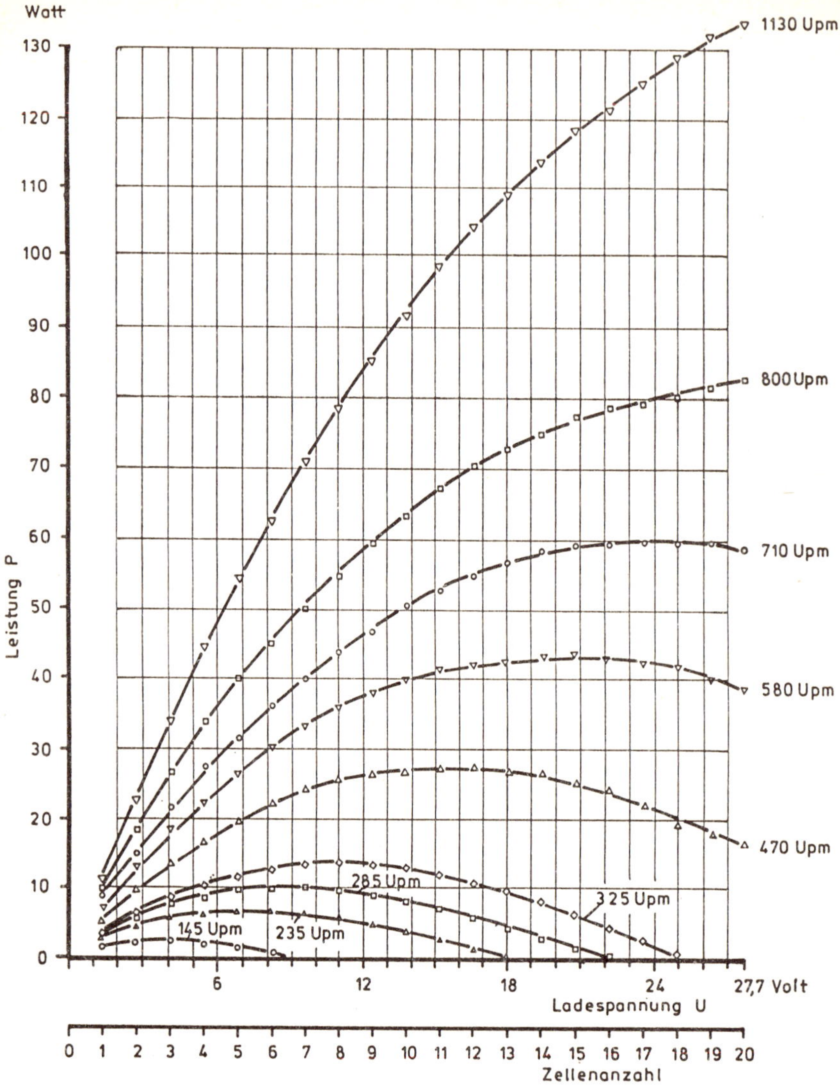

Abb. 23
Leistung des permanentmagnet-erregten Wechselstromgenerators mit Brückengleichrichter der Rutland-Windturbine WG 910 beim Laden einer Nickel-Cadmium-Batterie mit 30 Ah Kapazität bei verschiedenen Drehzahlen und Zellenzahlen.
(Vertrieb: Conrad Electronic, Hirschau)

dem kommt man mit einem Heizwiderstand aus, wenn man mit der Windturbine Wasser erwärmen will.

Vorteil des Drehstroms: Man kann bei gleicher Spannung mehr Leistung übertragen und die Spannung und Stromstärke durch Schaltung der Wicklungen im Stern oder Dreieck beeinflussen. Die erforderlichen 6 Dioden für einen Brükkengleichrichter sind kein schwerwiegender Nachteil, aber wenn man den Drehstrom direkt verheizen will, werden 3 gleich große Heizstäbe erforderlich, weil sonst der Generator »eckt«, das heißt durch ungleiche Belastung nicht rund läuft. Außerdem wird zur Spannungswandlung ein Drehstromtrafo erforderlich.

In der Praxis sieht es so aus, daß für kleinere Leistungen (50 - 500 W) Wechselstromgeneratoren eingesetzt werden und für größere Leistungen ab 100 W bis 10 kW meist Drehstromgeneratoren. Beide lassen sich in Scheiben- oder Trommelbauweise konstruieren. Das bei stärkeren Permanetmagnet-Generatoren so gefürchtete »Kleben« des Rotors in der Ruhestellung (durch die Wirkung der Magnetfelder), das große Anlaufprobleme mit sich bringt, wird heute verhindert, indem entweder die Magnete oder die Wicklung etwas schräg zur Welle angeordnet werden (vgl. Abb. 14).
Zu einer Meisterschaft im Bau extrem leicht anlaufender und durch Großserienherstellung preiswerter Wechsel- und Drehstromgeneratoren haben es nach meinen Erfahrungen die Engländer und Chinesen gebracht. So ist bei den von Conrad-Electronic vertriebenen, perfekt durchkonstruierten Wechselstrom-Scheibengeneratoren der englischen Firma Rutland/Marlec praktisch kein Anlaufmoment durch Magnetkleben zu spüren. Das führt dazu, daß der kleine 60 W-Generator durch Direktantrieb mit dem dazugehörenden 6-flügeligen Horizontalachsrotor (910 mm Ø) schon bei 0,2 m/s Windgeschwindigkeit anläuft. So etwas hat es bei Horizontalachs-Rotoren dieser Größe noch nicht gegeben. Wie Abb. 23 zeigt, wird die Nennleistung von 60 W schon mit ca. 700 U/min an einer 24 V-Batterie und mit 800 U/min an einer 12 V-Batterie erbracht. Bei nur 285 U/min fließt bereits Energie (ca. 5 W) in eine 12 V-Batterie! Die Fa. Conrad verkauft nicht nur das komplette Windkraftwerk WG 910 (998 DM), sondern auch den Generator einzeln (200 DM). Inzwischen gibt es außerdem einen größeren Dreiflügler FM 1800 mit 187 cm Ø und 400 W Nennleistung (komplett für 3.480 DM), ebenfalls mit Scheibengenerator, der einzeln bezogen werden kann (Preis auf Anfrage).
Nicht so perfekt verarbeitet, aber in der Funktion gleichwertig ist der »China-Generator«, den die Fa. Harbarth/Mühlingen importiert. Dabei handelt es sich um einen Drehstrom-Trommelgenerator (Abb. 24), der für 12 V / 100 W und 24 V / 200 W zum Preis von 412 DM geliefert wird. Durch Anschließen eines Kondensators an eine der 3 Phasen kann eine Spannungs- und Leistungserhöhung bei Drehzahlen unter 500 U/min erreicht werden, bei höheren Dreh-

zahlen wirkt der Kondensator aber leistungsmindernd, wie aus Abb. 25 ersichtlich ist. Ein kompletter Bausatz mit 2 Balsaholz-Flügeln (165 mm Ø), Generator, Mastkopf, Mastfuß, Rohrabspannung, Windfahne und Laderegler kostet für 12 V 1.495 DM und für 24 V 1.595 DM. Trotz des schmalen, schnellaufenden Propellers beginnt dieses chinesische »Volkswindkraftwerk« dank der Leichtgängigkeit des Generators schon bei 1,5 m/s Windgeschwindigkeit zu drehen und ab 1,8 m/s nutzbaren Strom zu erzeugen.

Zum Schluß noch ein wichtiger Hinweis für die persönliche Sicherheit: Beim Arbeiten und Experimentieren mit Windkraft-Generatoren ist dringend zu beachten, daß bei höheren Drehzahlen und fehlender Last unter Umständen hohe und gefährliche Leerlaufspannungen auftreten können. Eine Gleichspannung ab 60 V kann tödlich (!) wirken! Vorsicht ist daher auch dann am Platz, wenn die normale Betriebsspannung nur bei 12 oder 24 V liegt.

Abb. 24 ◀
Der chinesische Drehstromgenerator Typ C (Leistung 100 W/12 V bzw. 200 W/ 24 V) mit Permanentmagnet-Rotor und eingebautem Gleichrichter der Fa. Harbarth, Mühlingen
Quelle: Firmenprospekt der Fa. Harbarth

Abb. 25 ▼
Ladestrom-Kennlinien des Drehstromgenerators Typ C (aus Abb. 24) beim Laden eines Akkus mit 60 Ah Kapazität und 12 V bzw. 24 V Spannung
Quelle: Firmenprospekt der Fa. Harbarth

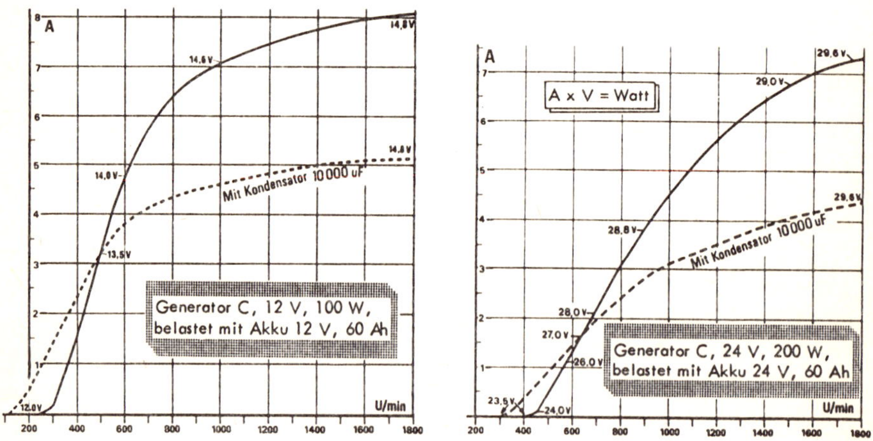

3. Der Durchström-Rotor

Beim zuvor behandelten zweistufigen Savoniusrotor hat die durchgehende Welle eine wichtige statische Funktion. Sie überträgt nicht nur das Drehmoment von den Flügeln auf die Arbeitsmaschine, sondern muß auch die Biegekräfte aufnehmen, die durch Winddruck und Unwucht auftreten. Die Flügel und Teller können bei dieser Rotorbauart nicht zur Aussteifung herangezogen werden. Dadurch ist die Bauhöhe auf etwa 2,5 bis 3 m begrenzt. Würde man den Rotor vergrößern, bestünde die Gefahr, daß die Welle bei Sturm in kritische Querschwingungen gerät.
Es wurde daher ein neuer Rotortyp entwickelt, der selbsttragend, biegesteif und von der Statik her als räumliches Tragwerk konzipiert ist. Damit lassen sich größere Rotoren bauen, wobei die obere Grenze gegenwärtig bei ca. 3 m Durchmesser und 6 m Höhe liegt. Dieser Rotor ist dreiflügelig, aber einstufig. Das Bauprinzip besteht darin, daß die senkrechten Flügel aus biegsamem Material (z.B. GFK, Bootssperrholz oder Blech) mit den waagerechten Segmenten oder Spanten eine konstruktive Einheit ähnlich einem Schiffsrumpf oder einem Flugzeugflügel bilden. Dadurch werden die einzelnen Bauteile wie auch die Welle nur auf Druck und Zug, nicht aber auf Biegung beansprucht. Der Rotor wird dadurch sehr leicht und gleichzeitig auch steif (Abb. 26).
Die an der Welle befestigten Segmente geben den Flügeln die gewünschte Form und übertragen das Drehmoment gleichmäßig auf die Welle. Als Material hat sich Aluminiumblech und kunststoffbeschichtetes, wasserfest verleimtes Sperrholz (Betoplan) bewährt. Am Flügelrand werden die Aluminium-Segmente eingeschnitten und zwischen zwei Sperrholzschablonen wechselseitig abgekantet, so daß die Flügel mit Ziehnieten befestigt werden können. Auch für die Flügel könnte Alublech verwendet werden doch erscheinen ebene GFK-Platten (Polyester), die in Form von Gewächshaus-Lichtbahnen als Rollenware überall erhältlich sind, günstiger. Sie sind preiswert, biegsam, großflächig und zugfest. Durch ihre Lichtdurchlässigkeit wirkt der Rotor sehr leicht und optisch ansprechend.
Der erste Prototyp mit 160 cm Durchmesser und 438 cm Höhe läuft nun seit 1981 und hat dabei zahlreiche schwere Stürme mit Spitzengeschwindigkeiten von 35 m/s schadlos überstanden (Abb. 27 und 28). Die Abbildungen 29 und 30 zeigen die wichtigsten Konstruktionsdetails und in Abb. 31 sind erste Messungen mit dem schon beschriebenen Generator der Windkraftzentrale dargestellt. Da die Flügelform inzwischen verbessert und auch ein geeigneterer Ge-

Abb. 26
Kleinere und mittelgroße Durchström-Rotoren kann man wie hier komplett vormontieren. Durch die selbsttragende Bauweise sind sie relativ leicht und dennoch sehr biege- und verwindungssteif.

nerator gefunden werden konnte, lassen sich noch bessere Werte erreichen. Daß in dieser Meßreihe die Stromerzeugung schon bei 1,5 m/sec Windgeschwindigkeit beginnt, hängt mit der Integrationszeit von 1 min zusammen. Das bedeutet, daß in der mittleren Windgeschwindigkeit auch kurze Böen enthalten sind, die den Generator für wenige Sekunden ansprechen lassen.
Im Rahmen der Diplomarbeit von Finger (vgl. Literaturverzeichnis) wurden Messungen über die optimale Flügelform des Durchströmrotors angestellt. In Abb. 32 sind die Ergebnisse dargestellt. Es zeigt sich, daß die Flügelform einen

Abb. 27
Durch die Verwendung von lichtdurchlässigen GFK-Platten für die Flügel wirkt dieser Rotor trotz seiner Größe relativ leicht und wenig störend im Gelände.

sehr großen Einfluß auf den Leistungsbeiwert hat. Die Flügelform Nr. 4 bringt eindeutig die beste Leistung und zwar in einem sehr weiten Schnellaufzahlbereich. Während die Leerlauf-Schnellaufzahl bei dieser Flügelform bei 1,5 liegt (Umfangsgeschwindigkeit der Flügelspitzen ist 1,5 mal höher als die Windgeschwindigkeit), kann man den Rotor durch eine entsprechende Last auf Werte zwischen 0,4 bis 1,1 abbremsen, ohne daß die Leistung zu stark abfällt. Dieses günstige Verhalten gleicht im praktischen Betrieb den gegenüber einem Horizontalachsenrotor wesentlich niedrigeren Leistungsbeiwert bzw. Wirkungsgrad wenigstens teilweise aus.

Abb. 28
Schneereiche Winter bereiten diesen Windturbinen keine Schwierigkeiten. Auf den Spanten liegender Schnee wird beim Rotieren abgeworfen.

Der von dieser Anlage erzeugte Gleichstrom (24 - 30 Volt) wird zusammen mit dem Strom vom Solargenerator auf dem Dach in Batterien gespeichert und zur Wohnraumbeleuchtung verwendet.

Mit der Flügelform 4 wurde ein großer Durchströmrotor mit 6 m Höhe und 3 m Durchmesser konzipiert und in 2 Exemplaren ausgeführt (Abb. 33). Der erste läuft seit April 83 auf dem Nebenerwerbsbetrieb des Verfassers in Kleinviecht (Abb. 34) und treibt über eine Kettenübersetzung 1 : 3 einen permanenterregten Drehstromgenerator von Albin Siegl (vgl. Abb. 14/15) an, der über einen Brückengleichrichter Nickel-Cadmiumbatterien im Spannungsbereich von 22 -

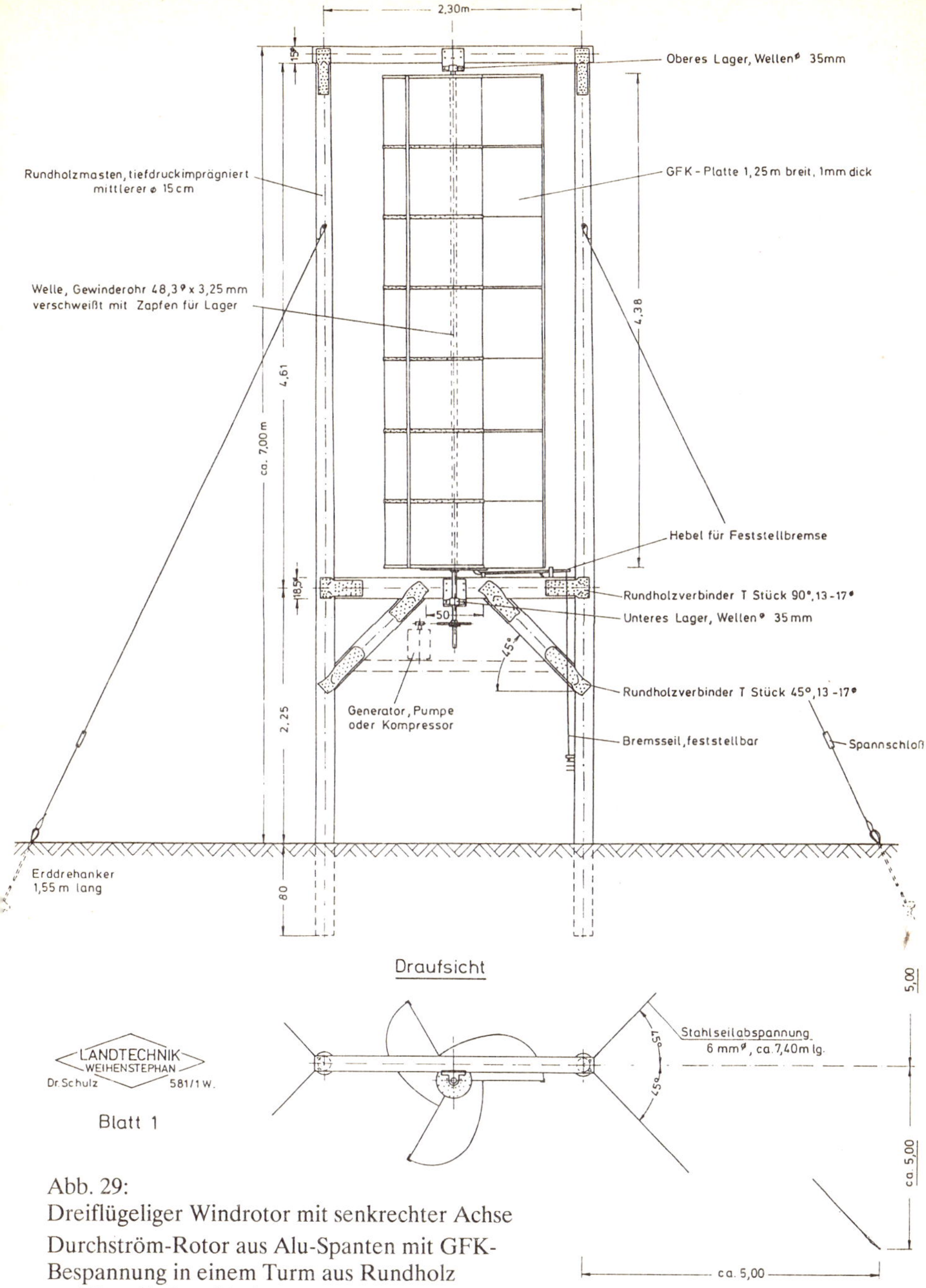

Abb. 29:
Dreiflügeliger Windrotor mit senkrechter Achse
Durchström-Rotor aus Alu-Spanten mit GFK-Bespannung in einem Turm aus Rundholz und Rundholzverbindern

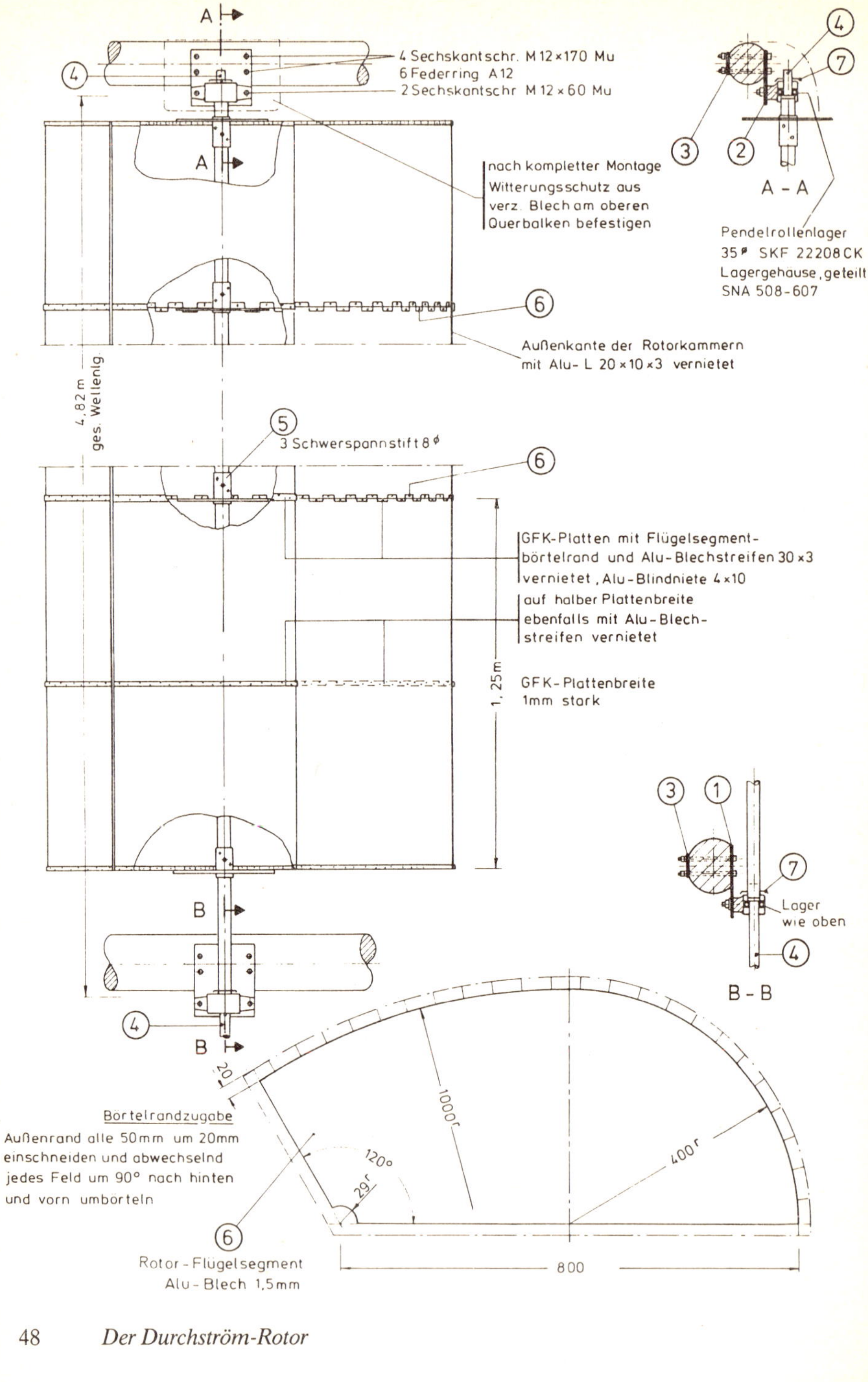
A
4
4 Sechskantschr. M 12×170 Mu
6 Federring A 12
2 Sechskantschr M 12 × 60 Mu
A
nach kompletter Montage
Witterungsschutz aus
verz. Blech am oberen
Querbalken befestigen
3
2
7
A - A
Pendelrollenlager
35ø SKF 22208 CK
Lagergehäuse, geteilt
SNA 508-607
6
Außenkante der Rotorkammern
mit Alu- L 20 × 10 × 3 vernietet
4,82 m
ges. Wellenlg.
5
3 Schwerspannstift 8 ø
GFK-Platten mit Flügelsegment-
börtelrand und Alu-Blechstreifen 30 × 3
vernietet, Alu-Blindniete 4 × 10
auf halber Plattenbreite
ebenfalls mit Alu-Blech-
streifen vernietet
1,25 m
GFK-Plattenbreite
1mm stark
1
Lager
wie oben
B
B - B
20
1000r
400r
120°
29r
800
Börtelrandzugabe
Außenrand alle 50 mm um 20 mm
einschneiden und abwechselnd
jedes Feld um 90° nach hinten
und vorn umbörteln
Rotor-Flügelsegment
Alu-Blech 1,5 mm

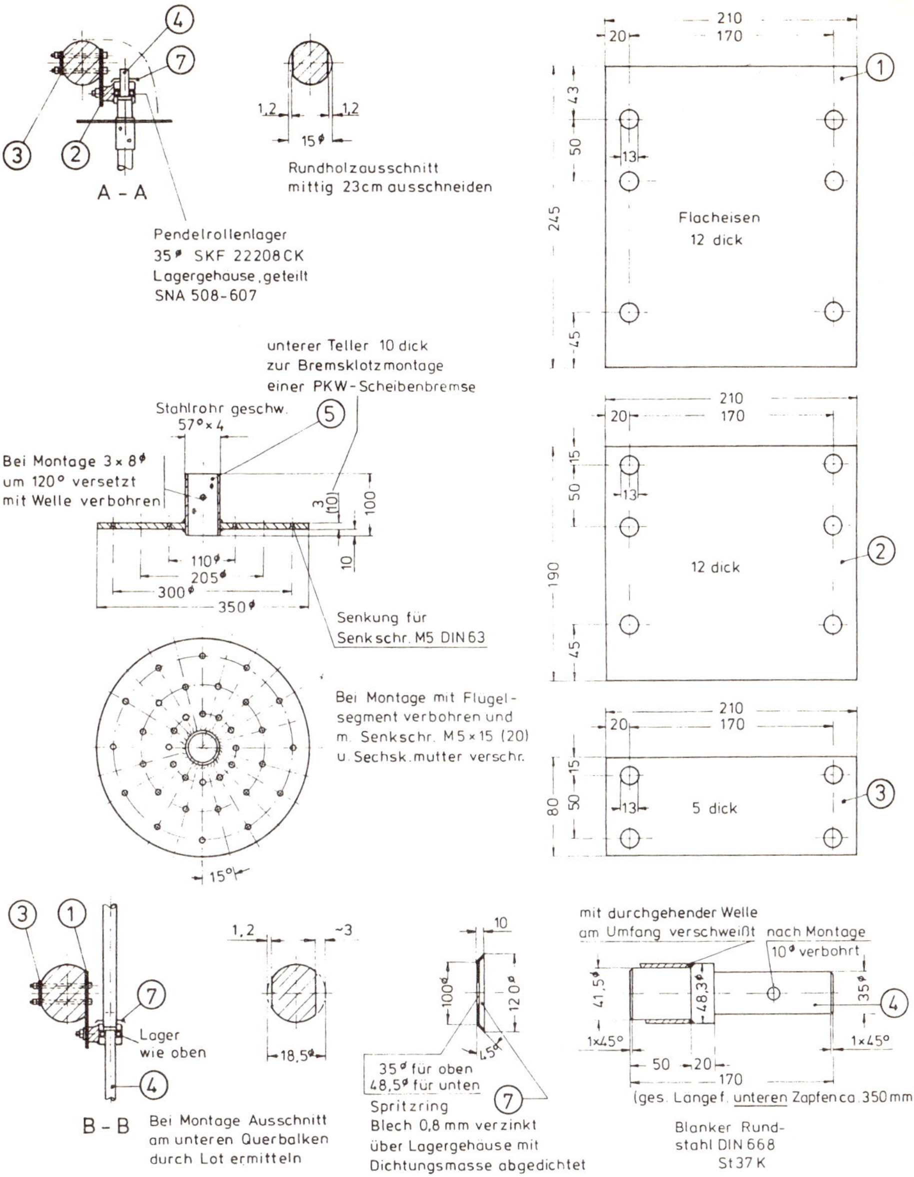

◀ Abb. 30 a und

▲ Abb. 30 b: Dreiflügeliger Windrotor mit senkrechter Achse (Details)

LANDTECHNIK
WEIHENSTEPHAN
Dr. Schulz 681/1W
Blatt 2

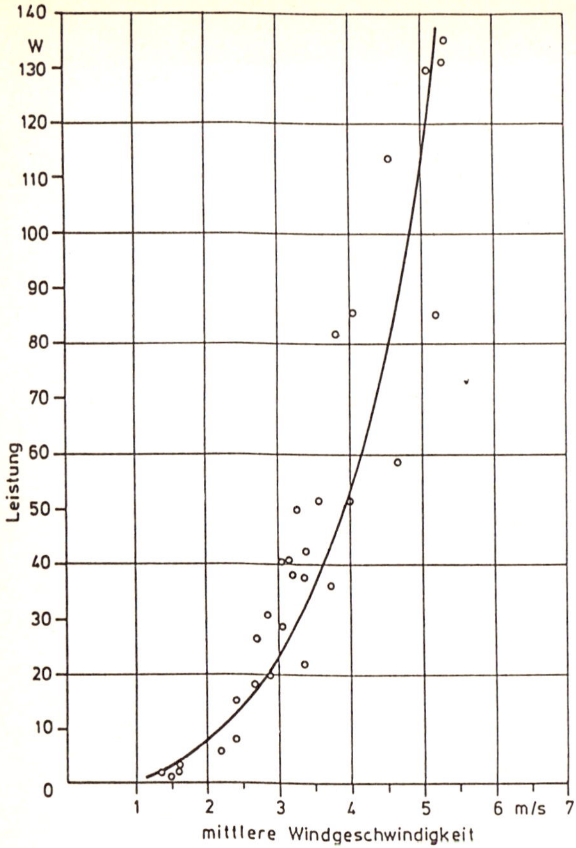

Abb. 32 ▶
Leistungsbeiwert c_p und Schnellaufzahl X bei dreiflügeligen Durchströmrotoren mit unterschiedlicher Flügelform (gemessen an Rotormodellen mit 50 cm Höhe, 30 cm Ø und 2 Endscheiben)

Abb. 31: ◀
Generatorleistung in Abhängigkeit von der Windgeschwindigkeit bei einem 3-flügeligen Durchström-Rotor

Rotor: 160 cm Ø, 438 cm Höhe;
Integrationszeit: 1 min;
Generator: 16-pol. Gleichstromgenerator 12 V/300W

30 V auflädt. Rotor und Generator haben sich bisher gut bewährt, Probleme hat es nur an den zur Leistungsverstärkung angebrachten Endscheiben gegeben: die untere war zu schlecht befestigt und wurde bei Sturm zerfetzt (verbesserte Ausführung siehe weiter unten). Der zweite Rotor dieser Größe wurde im Sommer 84 auf dem Hof von Josef Bachmeier, Holzen Nr. 8 bei Buch am Erlbach, Kreis Landshut gebaut, und zwar teilweise im Rahmen eines Praktikums zum Selbstbau von Windkraftanlagen (Abb. 35). Die Zeichnungen (Abb. 36 und 37) zeigen nähere Einzelheiten. An diesem Rotor wurde erstmals ein interessantes Generatorsystem erprobt. Es besteht aus einer kleineren, permanenterregten Gleichstrommaschine, die sowohl als Motor, wie auch als Generator arbeiten kann. Sie erreicht als Generator schon bei 250 U/min eine Ladespannung von 14 V und kann damit bei niedrigen Windgeschwindigkeiten unter 5 m/s direkt 12 V-Batterien aufladen. Bei mittleren bis höchsten Wind-

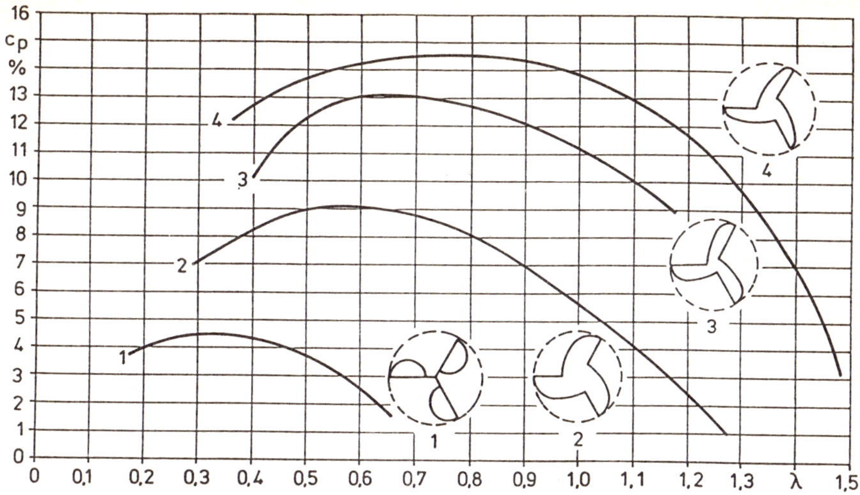

Abb. 33 ▼
Beim großen Durchströmrotor werden die 3 Flügelteile vorgefertigt und erst am Aufstellungsort zusammengefügt. Das Auswuchten vor der Montage erfolgt wie beim Savonius-Rotor.

Abb. 34
Die beiden Durchström-Rotoren auf dem Hof des Verfassers laufen schon jahrelang ohne größere Probleme. Beide haben sich als ausreichend sturmsicher erwiesen.

geschwindigkeiten wird mit dem Gleichstrom dieses kleinen Generators zusätzlich die Ankerwicklung einer fremderregten Drehstrom-Panzerlichtmaschine gespeist, deren Leistungskennlinien im unteren Drehzahlbereich in Abb. 38 wiedergegeben sind. Die Fa. Elektro-Artmann, Mallersdorf (vgl. Lieferhinweise) rüstet derartige Maschinen aus Sonderbeständen mit Spitzenleistungen von 2 - 3 kW auf Betrieb in Windkraftanlagen aus. Über eingebaute Dioden kann wahlweise Gleichstrom zwischen 14 und 30 V oder mit Hilfe eines Drehstromtrafos auch Drehstrom bis 220 oder 380 V erzeugt werden, der natürlich nicht als Netzstrom mit konstanter Spannung und Frequenz, sondern beispielsweise zur Wasserwärmung über Heizstäbe vorgesehen ist.

Abb. 35
Aufziehen des Durchström-Rotors bei Bachmaier/Holzen mit Hilfe eines Drahtseilzuges. Die Person auf dem Turm muß - wie hier - einen Sicherheitsgurt tragen.

Bei der Anlage in Holzen hat es sich gezeigt, daß der Bau eines Rotors in dieser Größe auf einem Bauernhof mit normaler Werkstattausrüstung und einem Handwerksbetrieb mit Drehbank für die Lagerzapfen zwar möglich, aber kein Kinderspiel ist. Vor allem das bisherige Fehlen genauer Konstruktionszeichnungen, Materiallisten und Bezugsquellenverzeichnisse hat Herrn Bachmeier vor große, aber bei seinem Engagement doch überwindbare Probleme gestellt. Herrn Bachmeier ist daher ebenso zu danken wie allen anderen, die beim Bau dieser Anlage mitgeholfen haben.
Als die wichtigsten Schwierigkeiten bei der Stromerzeugung gerade überwunden waren und Herr Bachmeier glaubte, aufatmen zu können, wurde der Rotor

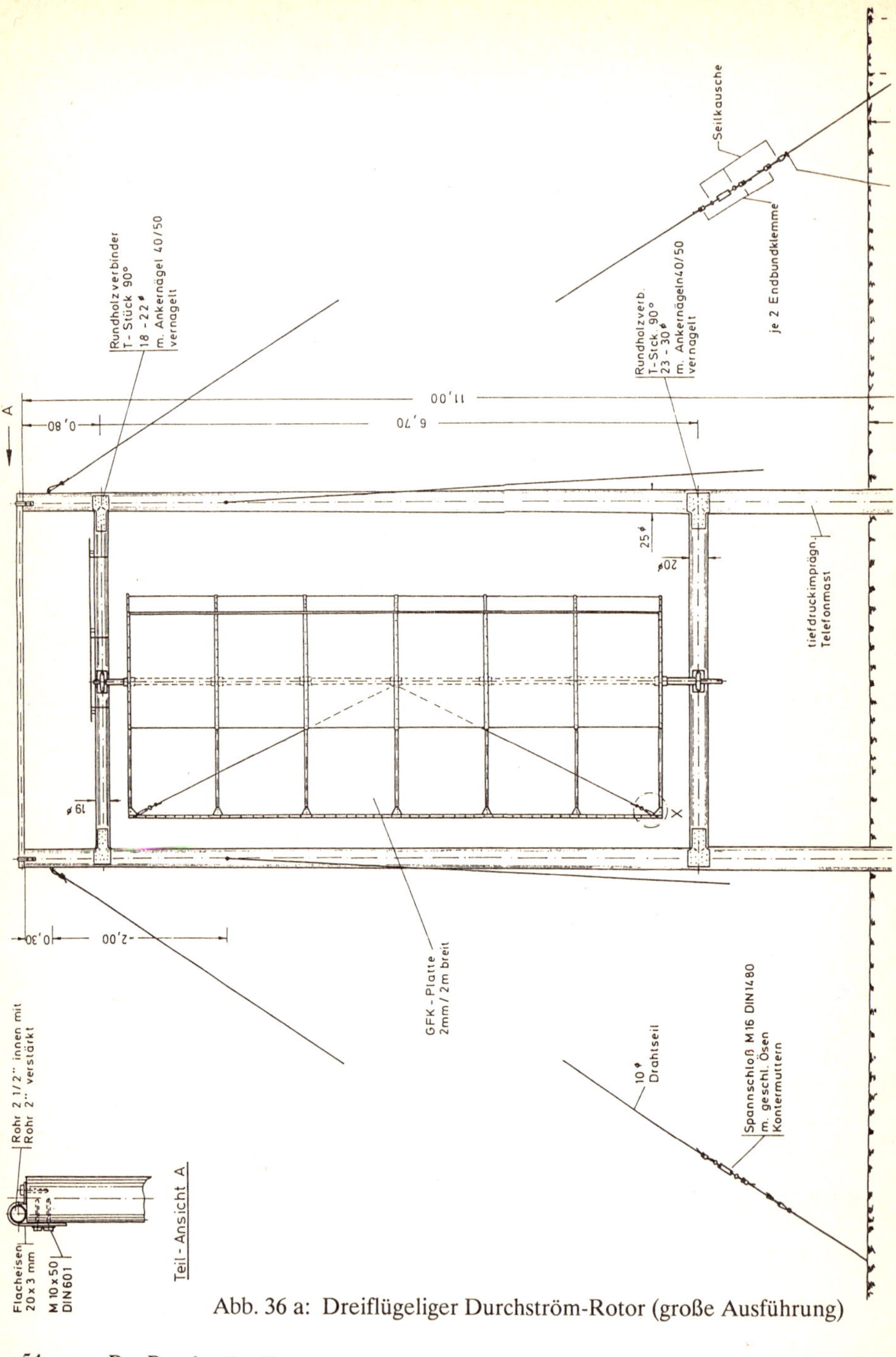

Abb. 36 a: Dreiflügeliger Durchström-Rotor (große Ausführung)

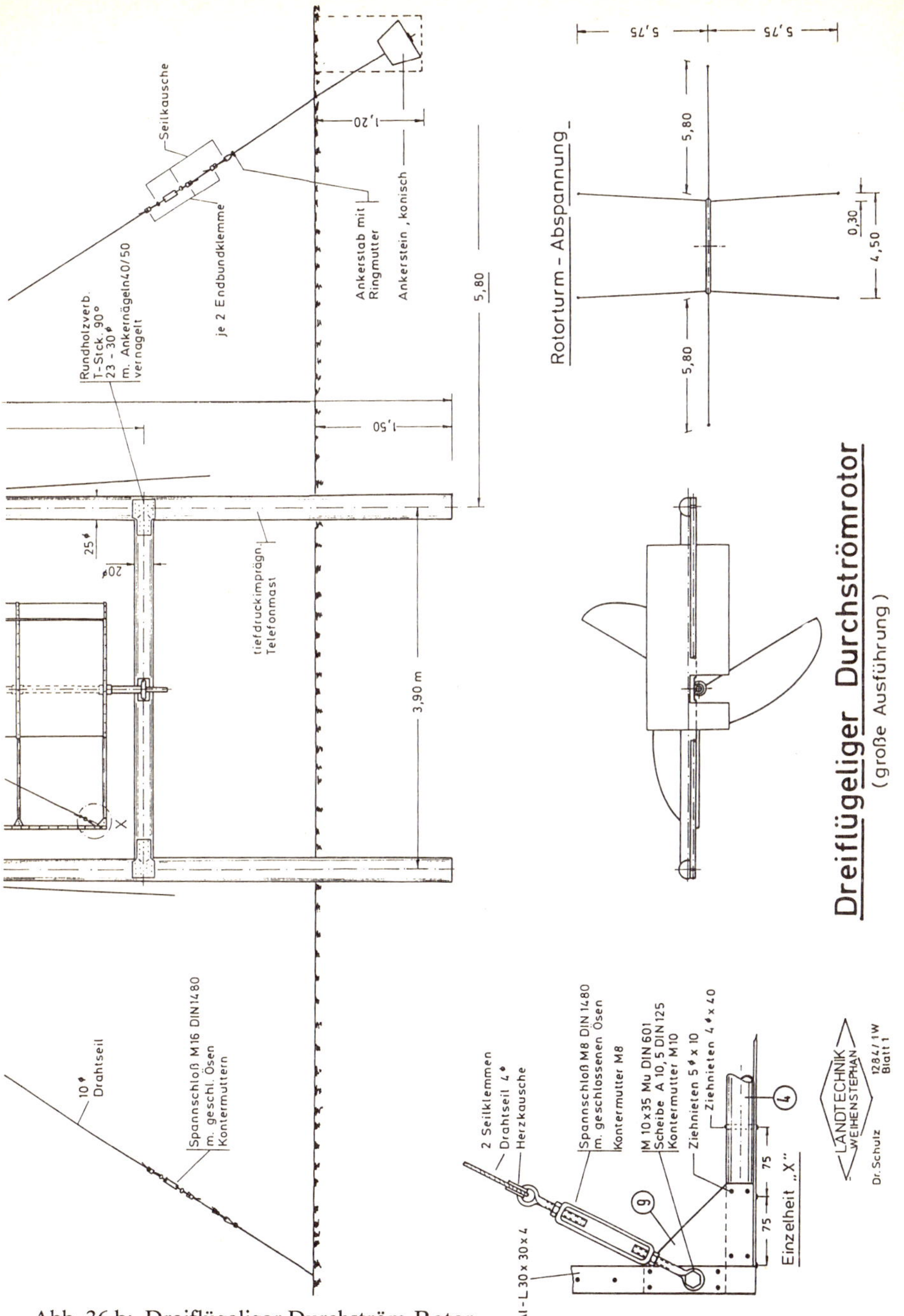

Abb. 36 b: Dreiflügeliger Durchström-Rotor

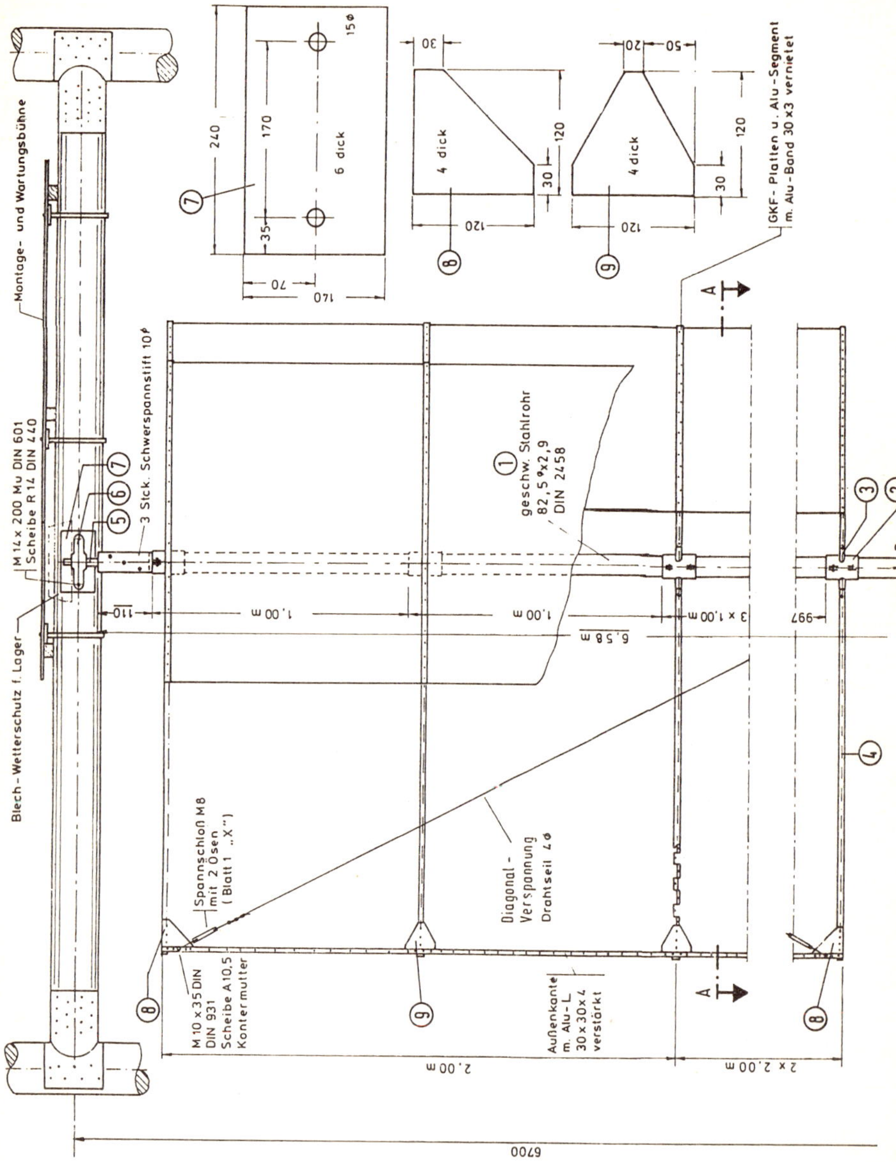

Abb. 37 a: Dreiflügeliger Durchström-Rotor (große Ausführung); Schnitte und Details

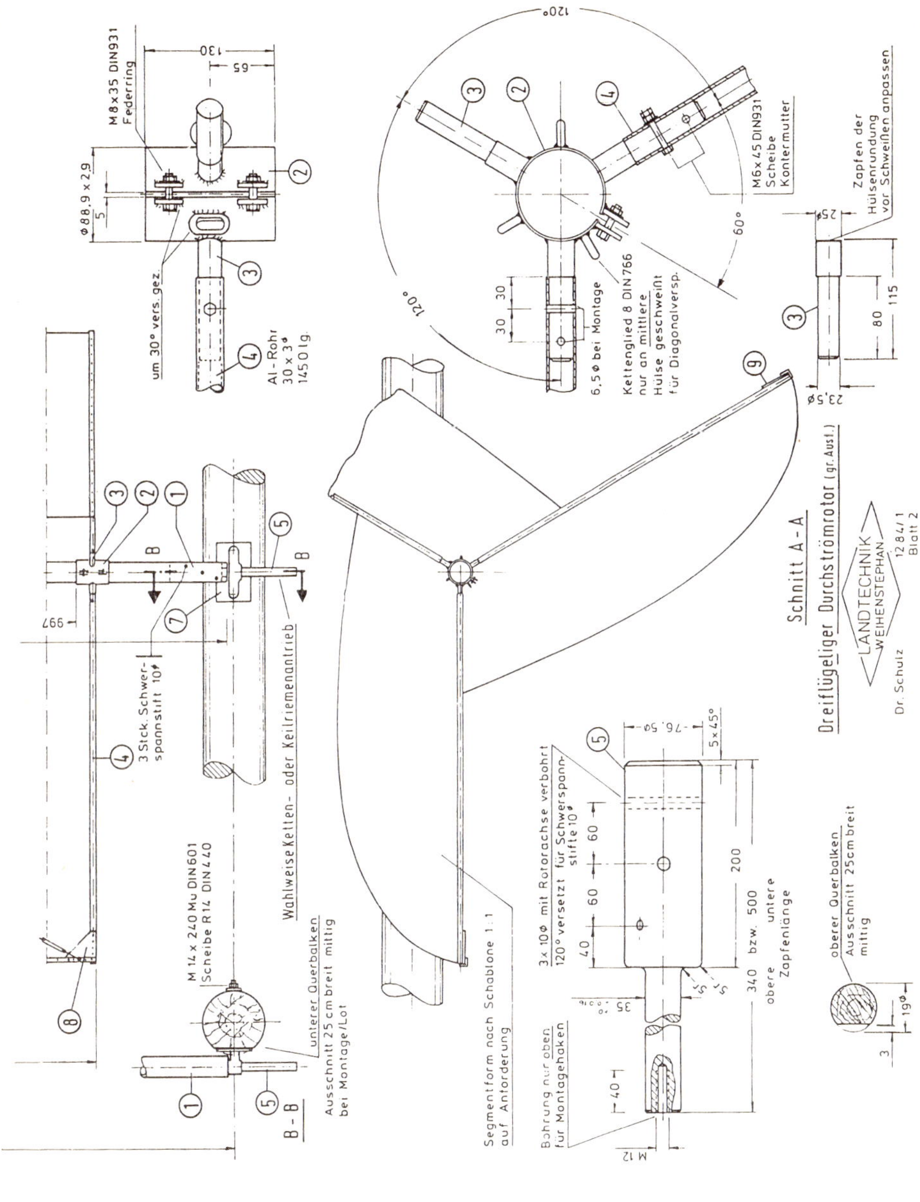

Abb. 37 b: Dreiflügeliger Durchström-Rotor (große Ausführung); Schnitte und Details

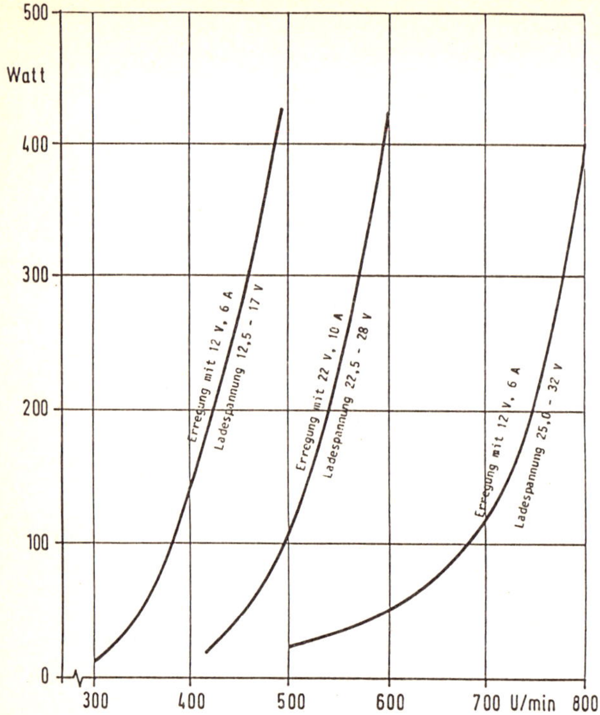

Abb. 38
Leistungskennlinien einer für Windkraftanlagen geeigneten Panzerlichtmaschine bei niedrigen Drehzahlen
(fremderregte Drehstromlichtmaschine 28 V, 100 A von Elektro-Artmann/Mallersdorf beim Aufladen einer NC-Batterie 20 Ah)

in dem orkanartigen Sturm am 23.11.83 zerstört, weil beim Bau ein kleiner, aber entscheidender Fehler gemacht wurde. Anstelle der vorgesehenen Spannschlösser M 8 mit geschlossenen Ösen, welche die 6 Seile der Diagonalverspannung im Rotor halten (siehe Abb. 36, Detail X) kamen Spannschlösser M 6 mit offenen Haken zum Einsatz. Dadurch konnte sich ein Seil lösen, wurde vom Rotor durch Fliehkraft gegen die senkrechten Masten des Turms geschleudert, wo es sich verfangen haben muß, wodurch die Rotorwelle geknickt und aus dem oberen Lager gerissen wurde. Dieser Schaden zeigt wieder einmal, daß der Sturm selbst die kleinsten Schwächen einer Windkraftanlage sucht, um dieses ihm im Weg stehende Hindernis zu zerstören.
Der Turm mit Seilabspannung sowie die Generatoren mit der zweistufigen Ketten- und Keilriemenübersetzung blieben unversehrt.

Die beiden Durchströmrotoren auf dem Hof des Verfassers überstanden diesen Orkan und luden die Nickel-Cadmiumbatterien mit 30 V und 800 Ah innerhalb von 30 Stunden bis zum Überkochen auf. Beim großen Rotor wurde lediglich auch noch die obere der beiden Endscheiben, die im Rahmen der erwähnten Diplomarbeit versuchsweise angebracht waren, beschädigt und nun-

Abb. 39:
Montage der unteren Hälfte des neuen Durchströmrotors bei Bachmeier/Holzen

mehr ganz abgebaut. Es ist nämlich konstruktiv kaum möglich, solche kreisrunden Endscheiben mit 3 m Ø so steif zu bauen, daß sie bei derartigen Stürmen mit Spitzengeschwindigkeiten bis zu 140 km/h (ca. 40 m/s) nicht flattern.
1985 wurde im Rahmen von 2 Seminaren der Durchströmrotor bei Bachmeier wieder aufgebaut, und zwar versuchsweise in Sperrholzkonstruktion und zweistufiger, versetzter Bauweise (Abb. 39, 40, 41 und 42). Die zwei Rotorstufen mit je 3 m Ø und 3 m Höhe lassen sich wesentlich leichter herstellen und montieren und sind über ein mittleres Lager und eine Kardanwelle miteinander verbunden. Durch das höhere Gewicht der Sperrholzplatten (20 mm für die Segmente und 6 mm für die Flügel) wurden allerdings die Lager sehr stark in

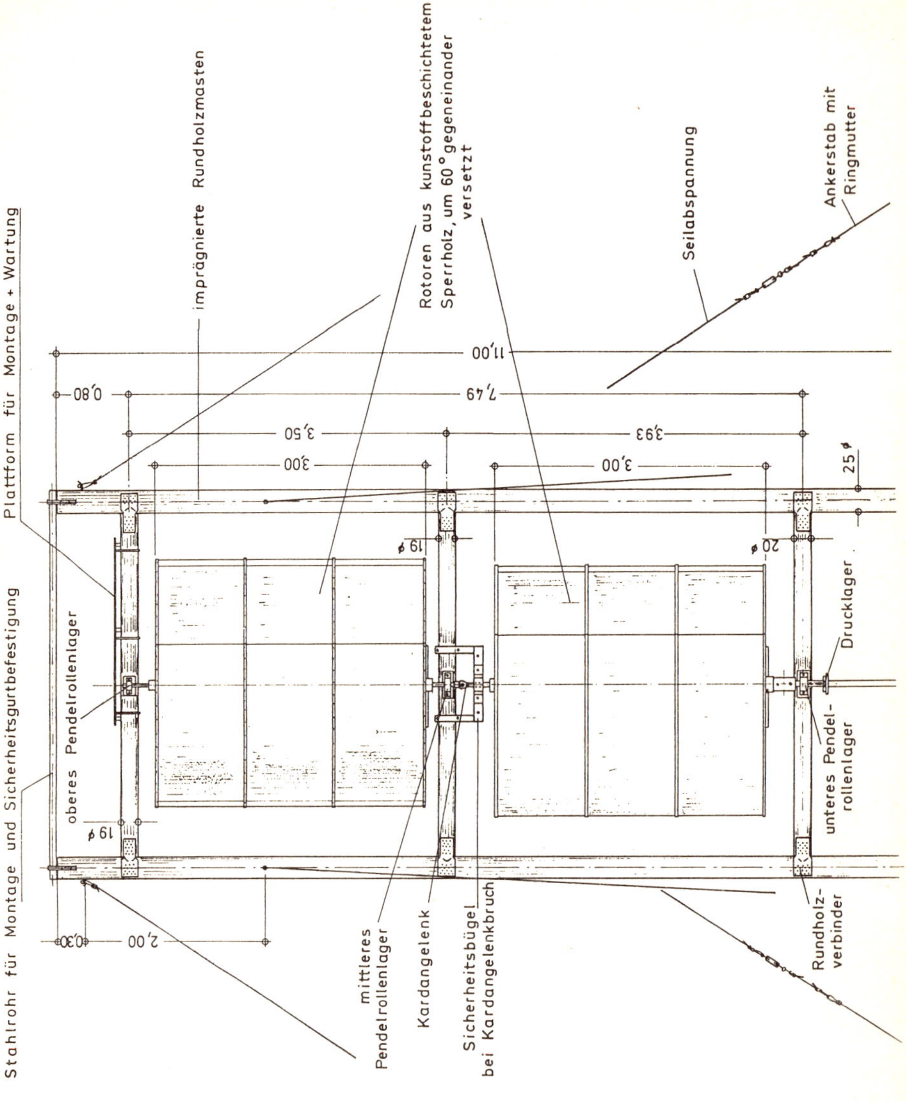

Abb. 40 a: Dreiflügeliger, zweistufiger Durchströmrotor
(Ausführung bei Josef Bachmaier, Holzen bei Buch am Erlbach)

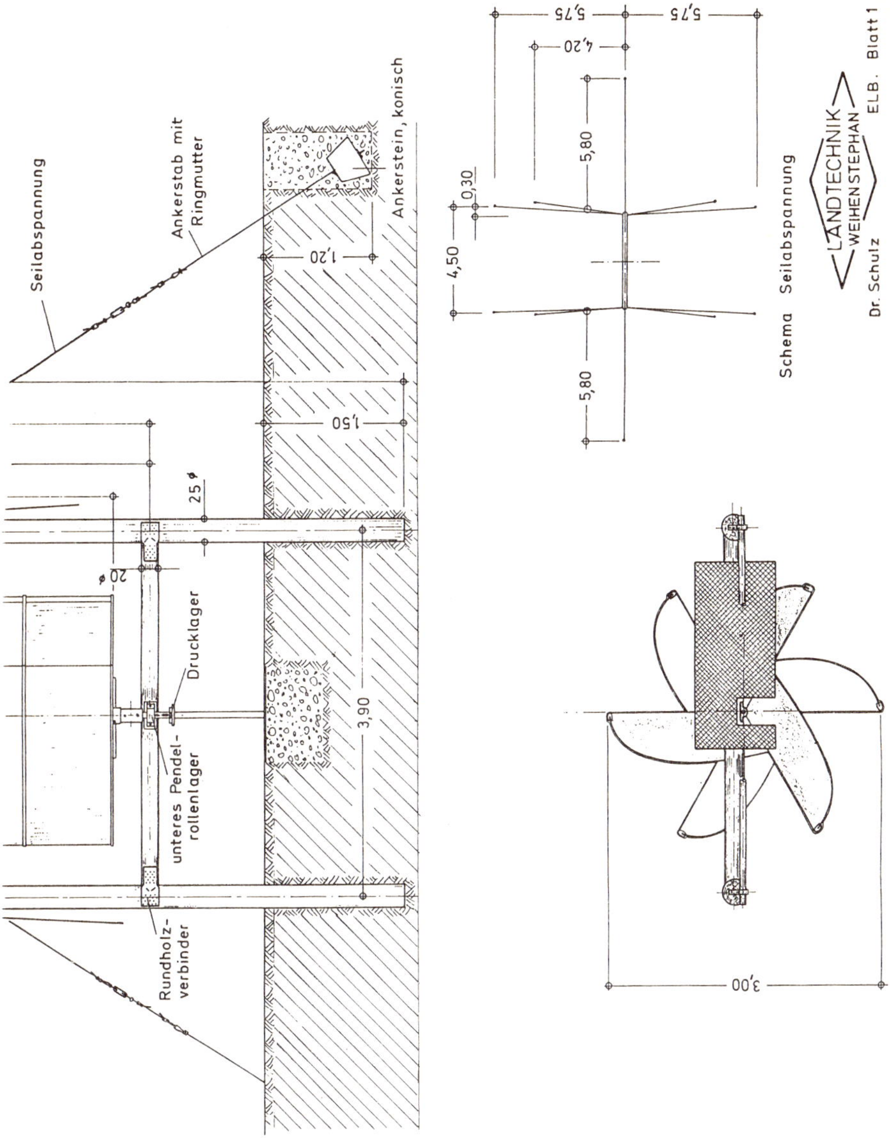

Abb. 40 b: Dreiflügeliger, zweistufiger Durchströmrotor
(Ausführung bei Josef Bachmaier, Holzen bei Buch am Erlbach)

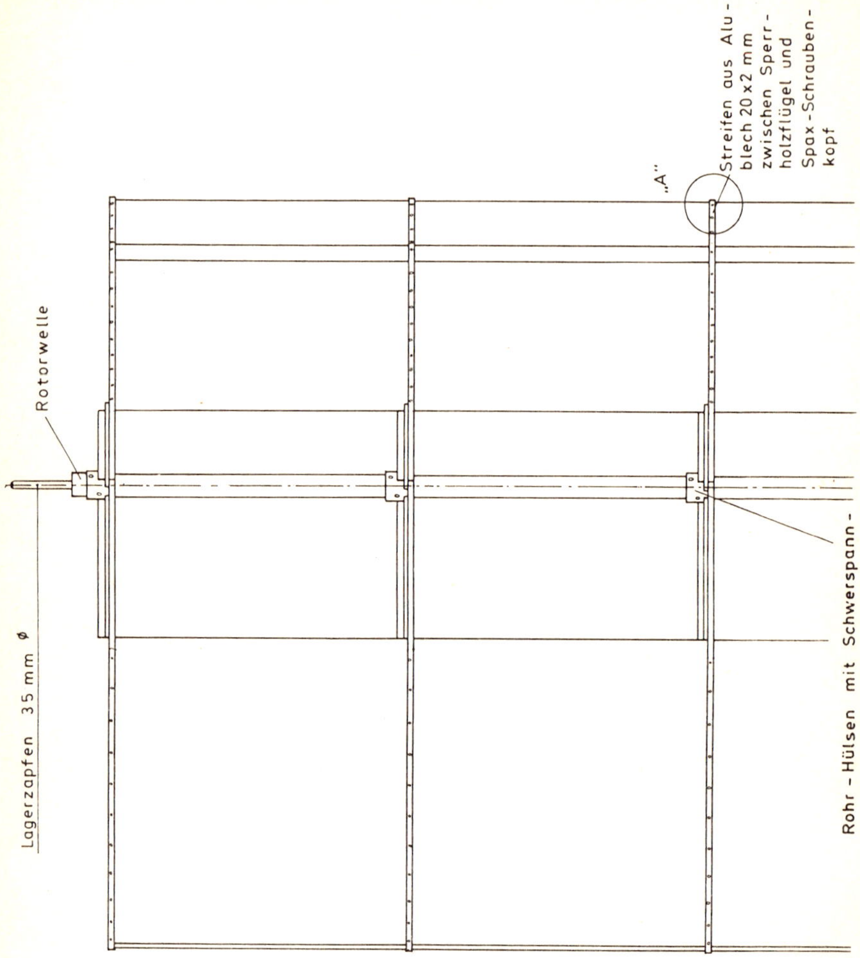

Abb. 41 a: Dreiflügeliger, zweistufiger Durchströmrotor (Details 1)

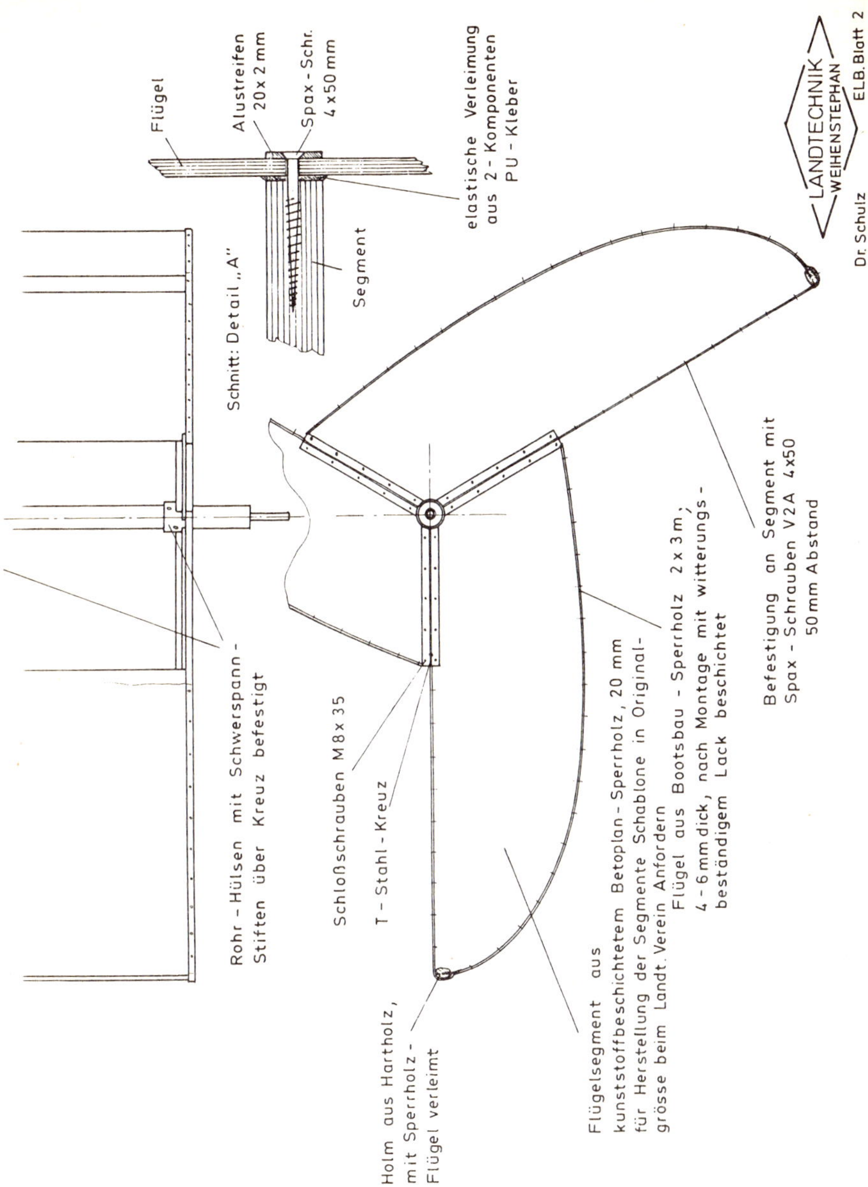

Abb. 41 b: Dreiflügeliger, zweistufiger Durchströmrotor (Details 1)

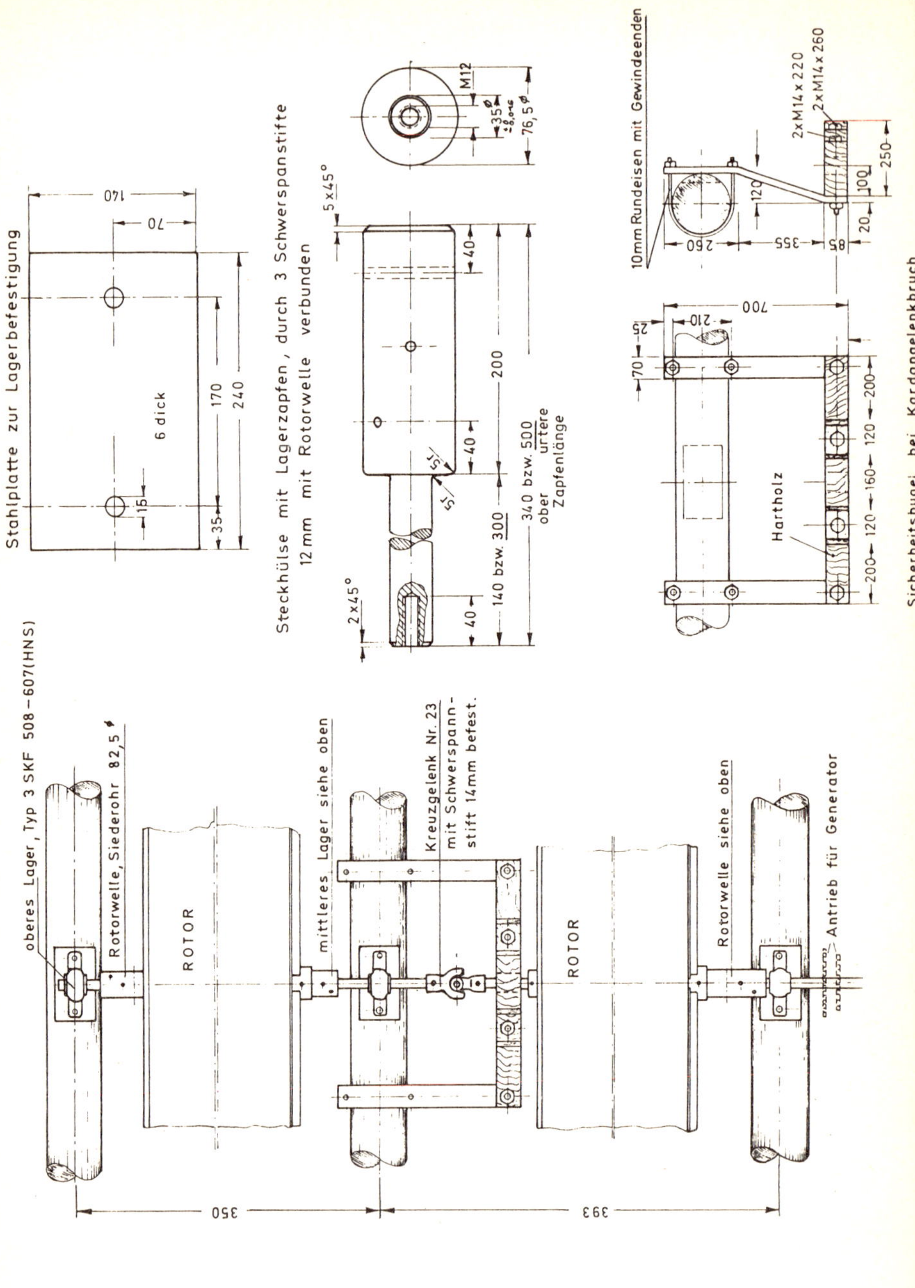

Abb. 42 a: Dreiflügeliger, zweistufiger Durchströmrotor (Details 2)

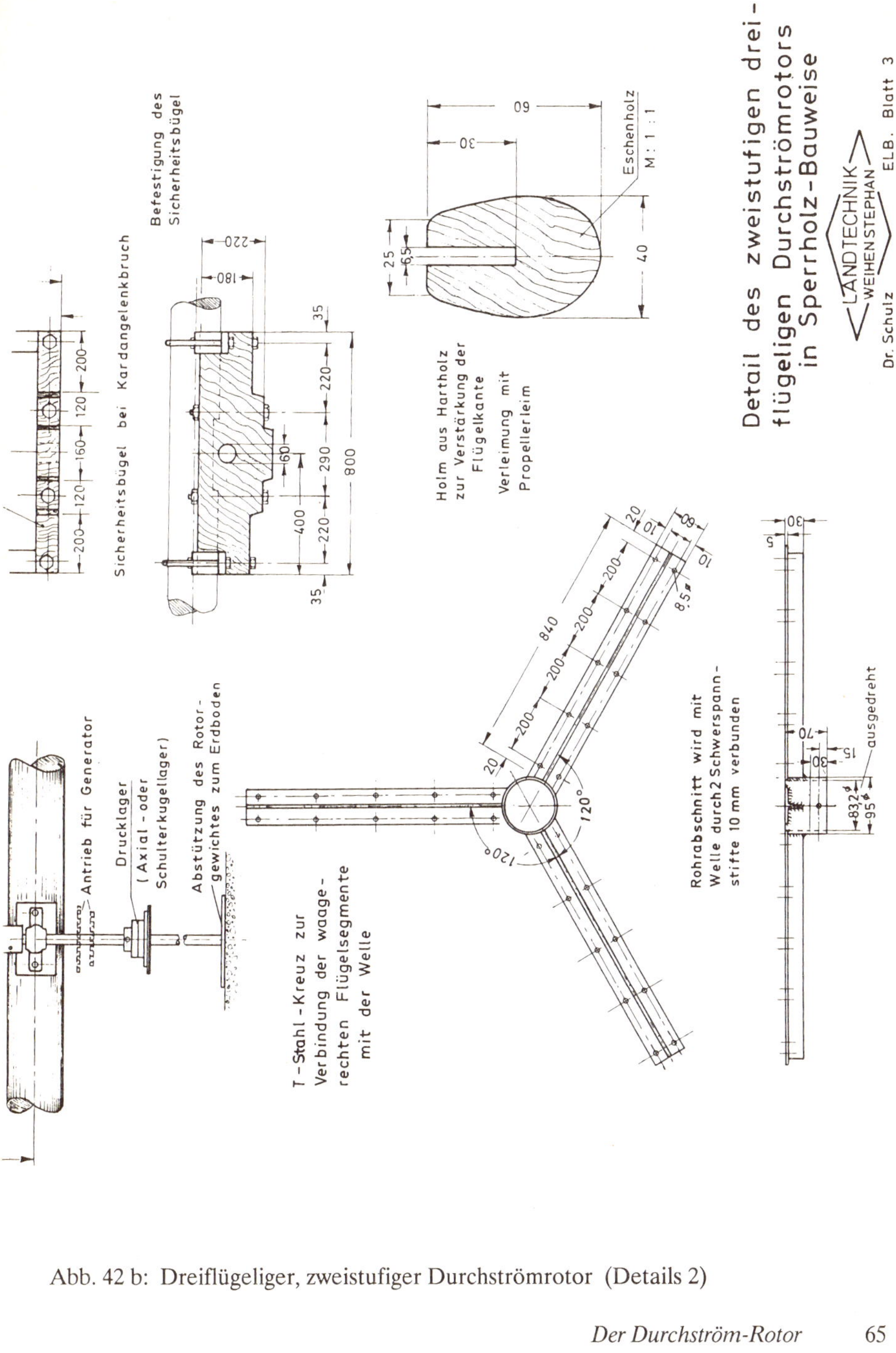

Abb. 42 b: Dreiflügeliger, zweistufiger Durchströmrotor (Details 2)

axialer Richtung beansprucht. Deshalb wurde der unterste Wellenzapfen zusätzlich mit einem Drucklager zum Boden hin abgestützt. Seitdem läuft die Anlage weitgehend störungsfrei. Die um 60° gegeneinander versetzten Rotoren arbeiten sehr ruhig und vibrationsarm. Inzwischen hat die Anlage zahlreiche starke, teilweise orkanartige Stürme im vollen Betrieb überstanden. Durch die zweistufige Übersetzung mit Kette und Keilriemen geht allerdings wesentlich mehr Kraft verloren als beim Permanentmagnetgenerator von Siegl mit der einstufigen Kettenübersetzung am Rotor des Verfassers.

Abschließend sei noch einmal an die Warnung auf Seite 17 erinnert. Größere Savonius- und Durchströmrotoren wie auch andere Windkraftanlagen sollten nur Leute errichten, die einmal die handwerklichen Voraussetzungen, aber auch eine ausreichende Standfestigkeit haben und nicht beim ersten Windstoß oder Rückschlag körperlich und geistig umfallen. Da die Schwierigkeiten und Probleme bei Windturbinen etwa mit dem Quadrat ihrer Größe wachsen, muß vor allem davor gewarnt werden, gleich eine große Anlage zu bauen, wenn man nicht vorher Erfahrungen an einer kleineren gesammelt hat. Auch muß man sich hüten, die Erwartungen an Leistung und Energieertrag sowie an die Versorgungssicherheit zu hoch zu schrauben, denn einmal ist der Wind die wohl unzuverlässigste und am wenigsten zu berechnende Energiequelle und zum anderen ist bei der technischen Weiterentwicklung noch vieles nachzuholen.
Trotz dieser Warnungen sollen hier aber auch alle Windkraft-Pioniere ermutigt werden, weiterzumachen und nicht zu schnell aufzugeben. Die Windkraftnutzung zählt nämlich zu den wenigen verbrennungsfreien und damit schadstoffarmen Energietechniken, die wir in Zukunft immer dringender benötigen!

4. Druckluftbetriebene Pumpe

zur Wasserförderung aus großen Tiefen mittels Windturbinen

Es wurde ein einfaches Pumpensystem erdacht, das mit Windkraft betrieben werden kann und folgende *Vorteile* hat:

- Selbstbau unter Verwendung billiger Materialien.
- Aufstellung der Windturbine unabhängig von der Wasserstelle z.B. auf einem entfernten Hügel.
- Leichtes Einbringen oder Herausholen auch bei engen Brunnenschächten oder Bohrlöchern, da die Pumpe nur an 2 flexiblen Schläuchen bzw. bei größeren Einheiten an einem zusätzlichen Seil hängt.
- Geringere Störanfälligkeit, da die Pumpe außer den Ventilen keine bewegten Teile wie Kolben oder Membran hat.
- Es sind sehr unterscheidliche Größen von einigen Litern Volumen bis zu mehreren hundert Litern möglich.
- Bei längeren Windflauten kann die Druckluft auch notfalls von Hand mit einer Luftpumpe erzeugt werden.

Demgegenüber sind folgende *Nachteile* zu beachten:

- Geringerer Wirkungsgrad gegenüber Kolben- und Membranpumpen, die direkt über Gestänge angetrieben werden.
- In der einfachsten Ausführung muß das Steuerventil von Hand betätigt werden (z.B. beim Wasserholen in Entwicklungsländern).
- Es fehlt noch eine ausreichende Praxiserprobung, so daß der Bau dieser Pumpe vorerst nur experimentierfreudigen Leuten und Entwicklungshelfern empfohlen werden kann.

Die Pumpe besteht lediglich aus einem Stahlrohr mit aufgeschweißten oder luftdicht aufgeschraubten Deckeln (Abb. 43). Die Materialstärke hängt vom auftretenden Druck und dieser wieder von der Förderhöhe und den Reibungsverlusten in den Leitungen ab. So braucht man beispielsweise bei 20 m Förderhöhe einen Luftdruck von 2,2 bis 2,5 bar (atü), oder bei 50 m Förderhöhe einen solchen von 5,5 bis 6 bar. Die Pumpe muß so schwer sein, daß sie im Wasser untergeht, auch wenn der Pumpenkörper mit Luft gefüllt ist. Am unte-

Abb. 43:
Druckluftbetriebene Pumpe zur Wasserförderung aus großen Tiefen mit Windturbinen
(einfachste Ausführung mit Steuerung der Druckluft von Hand)

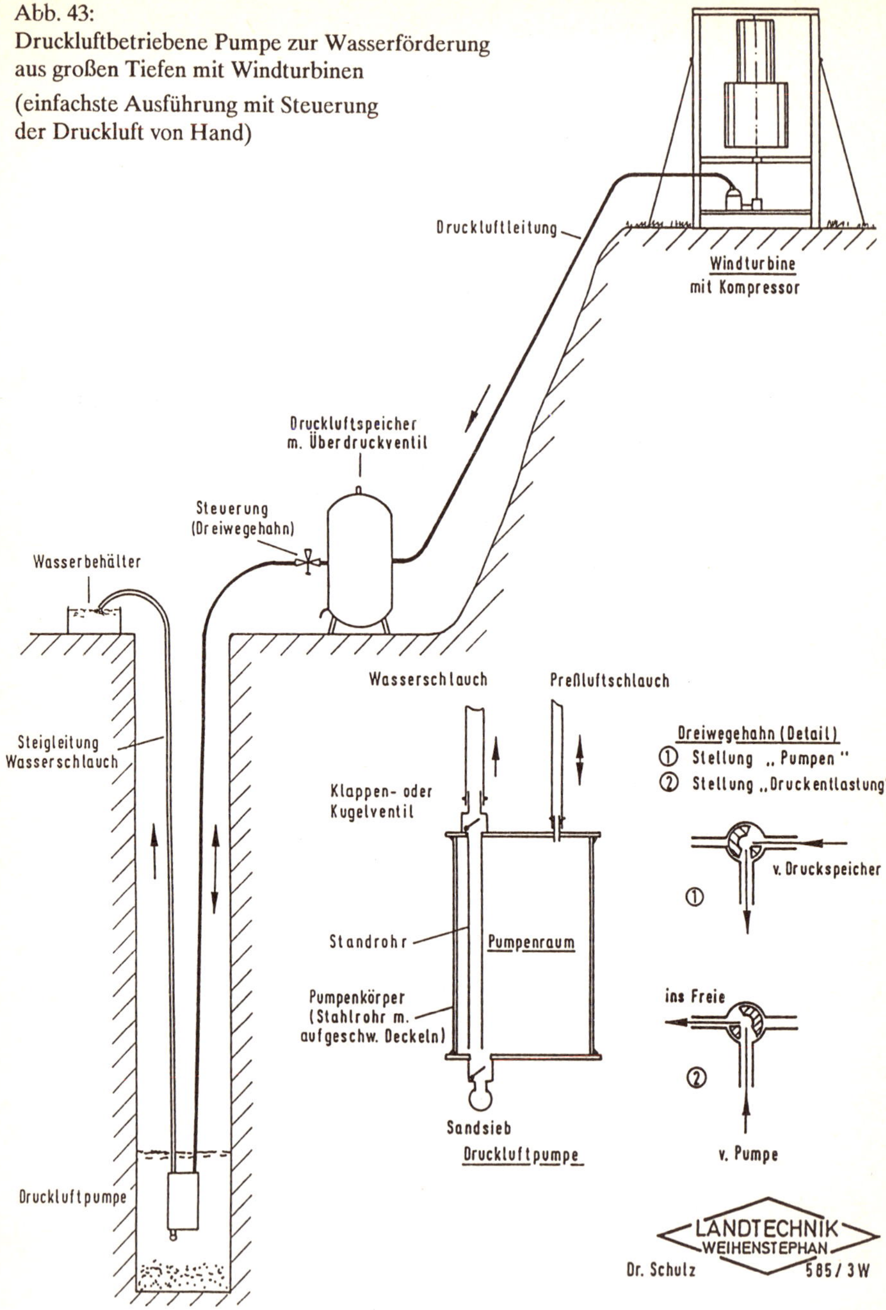

ren Deckel ist für den Wassereinlauf ein Sandsieb und ein leichtgängiges Klappen- oder Kugelventil (Rückschlagventil), das nicht mit Federdruck, sondern durch Eigengewicht geschlossen wird, befestigt. Auch am oberen Ende ist ein solches Ventil angebracht, das aber nicht direkt mit dem Pumpenraum in Verbindung steht, sondern nur über ein Standrohr, das fast bis zum Boden des Pumpenraums reicht. Zweckmäßig baut man die Ventile so an, daß sie von außen kontrolliert werden können, ohne die Deckel abnehmen zu müssen. Am oberen Ventil kann der Wasserschlauch (auf Druckfestigkeit je nach Förderhöhe achten!) angeschlossen werden, z.B. mit Schlauchschellen. Natürlich können auch halbflexible Kunststoffrohre (z.B. Polyaethylenrohre) oder Metallrohre verwendet werden, wobei letztere aber wieder stückweise auseinandergeschraubt werden müssen, wenn die Pumpe zur Reparatur oder Kontrolle aus dem Brunnenschacht gezogen werden muß. Außerdem ist am oberen Deckel ein Stutzen zum Anschluß eines Preßluftschlauchs vorhanden.

Die Pumpe funktioniert folgendermaßen:

Die Windturbine treibt einen handelsüblichen Hubkolben-Kompressor an, dessen Größe und Drehzahl der Leistungscharakteristik des Windrades einigermaßen angepaßt sein muß. Bei Savonius- und Durchströmrotoren mit senkrechter Welle wird der Kompressor am besten über ein leichtlaufendes Winkelgetriebe mit Übersetzung (z.B. Autodifferential mit gesperrten Satellitenrädern) angetrieben.

Die erzeugte Druckluft wird in einem Druckspeicher bevorratet, der mit Überdruckventil und Ablaßhahn für Kondenswasser versehen sein muß. Steht kein geeigneter Metallbehälter zur Verfügung, kann notfalls auch eine Reihe von parallelgeschlossenen, alten Auto- oder LKW-Rädern verwendet werden, bei denen die Reifen zwar abgefahren, aber noch genügend druckfest für Förderhöhen bis ca. 25 m (ca. 3 bar Luftdruck) sind. Auch einige parallelgeschlossene, zugeschweißte Wasserleitungsrohre größeren Durchmessers eignen sich als Druckspeicher.

Wird nun das Dreiwege-Steuerventil in Stellung »Druckentlastung« gebracht, das heißt der Pumpenraum mit der Außenluft verbunden, kann das Brunnenwasser das untere Ventil öffnen und in den Pumpenraum fließen. Dabei wird die im Pumpenraum befindiche Luft nach oben ins Freie verdrängt.

Wird jetzt das Dreiwegeventil auf die Stellung »Pumpen« umgeschaltet, drückt die gespeicherte Druckluft die Wasserfüllung des Pumpenraums nach unten. Da das untere Klappenventil ein Zurückfließen verhindert, muß das Wasser durch das Standrohr nach oben, wo es das obere Klappenventil öffnet und durch die Steigleitung in den Wasserbehälter fließt. Ist der Pumpenraum leer gedrückt, was am Volumen des hochgeförderten Wassers erkennbar ist, muß das Dreiwegeventil wieder auf Stellung »Druckentlastung« gestellt werden, wo-

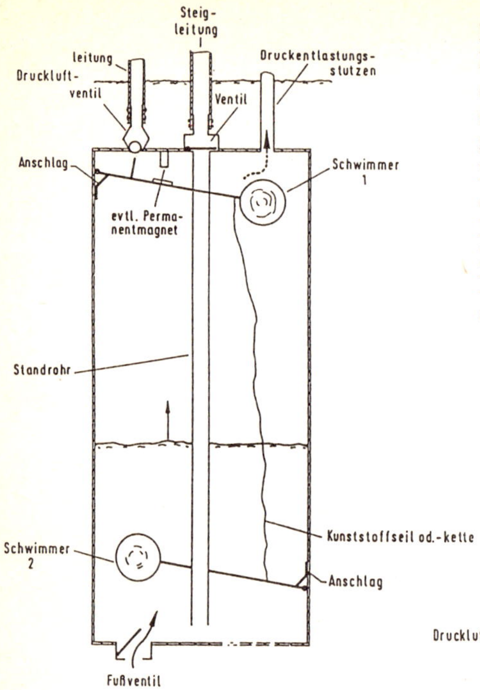

Phase 1
Die Pumpe füllt sich mit Wasser, Luft entweicht durch den Druckentlastungsstutzen ins Freie. Druckluftventil und Steigleitungsventil sind geschlossen. Das Kunststoffseil ist locker, da Schwimmer 2 oben steht.
Das Fußventil wird durch statischen Druck des Brunnenwassers geöffnet. Die Pumpe füllt sich umso schneller, je tiefer sie unter dem Wasserspiegel hängt.

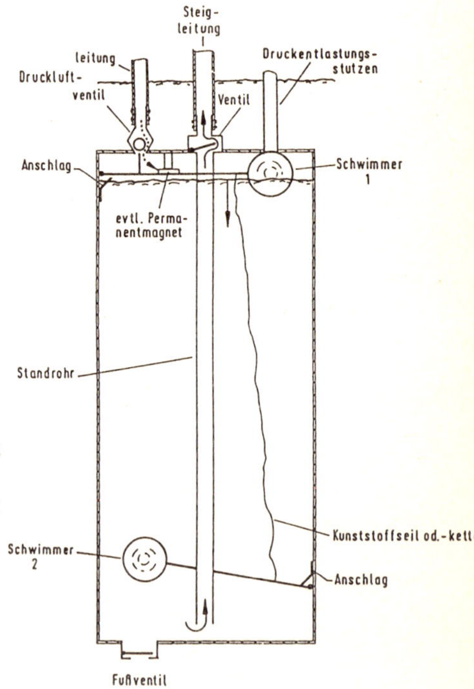

Phase 2
Die Pumpe ist mit Wasser gefüllt. Schwimmer 1 öffnet das Druckentlastungsventil, eventuell unterstützt durch einen Permanentmagnet, um Schwingungen zu vermeiden. Das Fußventil schließt sich, das Steigleitungsventil öffnet. Druckluft treibt die Wasserfüllung durch die Steigleitung in den Vorratsbehälter. Das Kunststoffseil ist locker, da Schwimmer 2 noch oben steht.

Abb 44 a: Druckluftbetriebene Pumpe zur Wasserförderung aus großen Tiefen (automatische Steuerung)

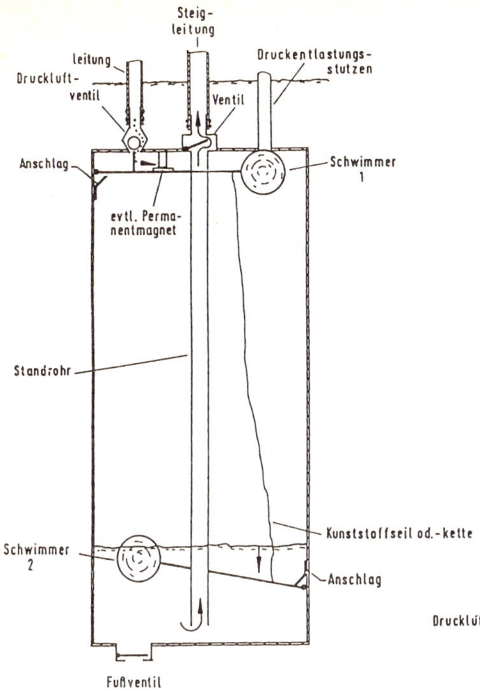

Phase 3
Der Fördervorgang ist noch nicht beendet. Schwimmer 1 wird durch Luftdruck und eventuell durch die Kraft des Permanentmagneten gegen die Öffnung des Druckentlastungsstutzens gehalten. Das Kunststoffseil ist noch locker, da Schwimmer 2 noch schwimmt. Die Ventile stehen wie in Phase 2.

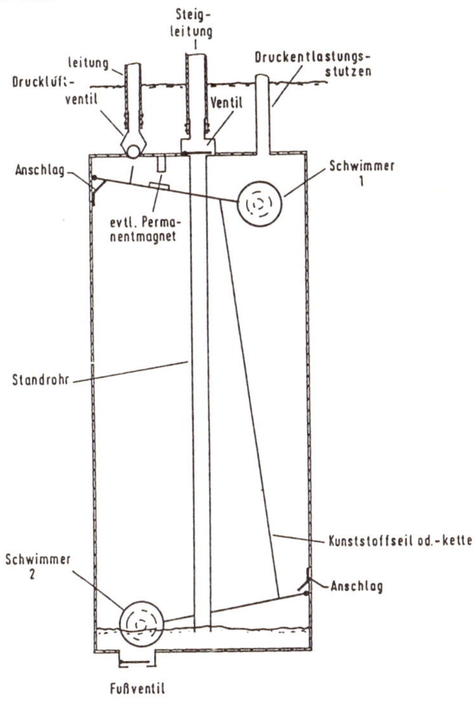

Phase 4
Der Wasserstand in der Pumpe ist soweit abgesunken, daß der Schwimmer 2 mit seinem Gewicht den Schwimmer 1 herunterzieht (siehe Hinweise im Text). Der Druckentlastungsstutzen wird dadurch geöffnet, das Steigventil schließt sich und Phase 1 kann wieder beginnen.

Abb 44 b: Druckluftbetriebene Pumpe zur Wasserförderung aus großen Tiefen (automatische Steuerung)

nach sich der Pumpenraum wieder selbstständig mit Wasser füllt. Das obere Klappenventil am Pumpenkörper verhindert ein Zurückfließen des Wassers aus der Steigleitung in den Pumpenraum. Wird das Dreiwegeventil zu spät umgeschaltet, passiert nichts, außer daß Druckluft durch die Steigleitung ins Freie dringt und verlorengeht. Der erste Prototyp dieser Pumpe hatte einen Durchmesser von 15 cm und ca. 4 l Volumen. Das untere Ventil war ein 3/4 Zoll Rotguß-Klappenventil, wie es in Heizungsanlagen Verwendung findet. Oben war ein 1/2 Zoll Kugelventil angeordnet. Die Steigleitung bestand aus einem 1/2" Gartenschlauch und die Druckluftleitung aus einem 6 mm Preßluftschlauch. Die Pumpe funktionierte auf Anhieb.

Wegen Zeit- und Geldmangels konnte dieses Prinzip leider nicht länger erprobt oder weiterentwickelt werden. Einige Verbesserungen wären durchaus möglich. Einmal könnte das Dreiwegeventil direkt am oberen Deckel der Pumpe angebracht und mit Seilzug von Hand gesteuert werden, was den Vorteil hätte, daß die Druckluftleitung vom Speicher zur Pumpe immer unter Druck bleibt und nicht zur Druckentlastung dient. Dadurch könnte der Druckluftverbrauch gesenkt und eine schnellere Füllung des Pumpenraums mit Wasser erreicht werden. Auch eine automatische Steuerung mit Magnetventilen oder mit einem Schwimmer im Pumpenraum erscheint durchführbar. Auch läßt sich anstelle des in Entwicklungsländern wohl nicht überall erhältlichen Dreiwegehahns mit zwei einfachen Drucklufthähnen, notfalls auch mit Wasserhähnen oder Absperrventilen arbeiten, die allerdings umständlicher und langsamer zu bedienen sind, als ein Dreiwegehahn. Auch der Einsatz von Magnetventilen ist denkbar, wenn z.B. die Windkraftanlage genügend leistungsfähig ist, um bei höheren Windgeschwindigkeiten zusätzlich eine Batterie aufzuladen.

In Abb. 44 ist ein Vorschlag für eine automatische Steuerung der Ventile ausgeführt, wie sie beispielsweise für größere Pumpen an Bewässerungsanlagen infrage kommen könnte. Da dieser Vorschlag zwar gründlich durchdacht, aber noch nicht praktisch erprobt werden konnte, sollten Interessenten erst ein Modell mit einem durchsichtigen Plexiglasrohr anfertigen, um die Steuerabläufe zu studieren. Ganz wesentlich ist es, daß die Auftriebskräfte und Gewichte der beiden Schwimmer und auch die Anlenkpunkte des Kunststoffseils auf den maximalen Luftdruck und die Querschnitte des Druckventils und des Druckentlastungsstutzens abgestimmt sind. Ist beispielsweise der Querschnitt des Druckentlastungsstutzens zu groß, kann das Gewicht der beiden Schwimmer nicht ausreichen, um in Phase 3 den Druckentlastungsstutzen gegen den in der Pumpe noch herrschenden Luftdruck zu öffnen. Es wird dann erst das ganze Wasser aus der Steigleitung gefördert, bis oben Luft austritt, der Druck in der Pumpe fällt und die beiden Schwimmer herunterfallen. Auch der eventuell hilfreiche Permanentmagnet muß natürlich die richtige Größe und den passenden Abstand vom Gestänge des Schwimmers 1 haben. Ist andererseits der Querschnitt des Druckventils (evtl. Fahrrad- oder Autoventil verwenden!) zu

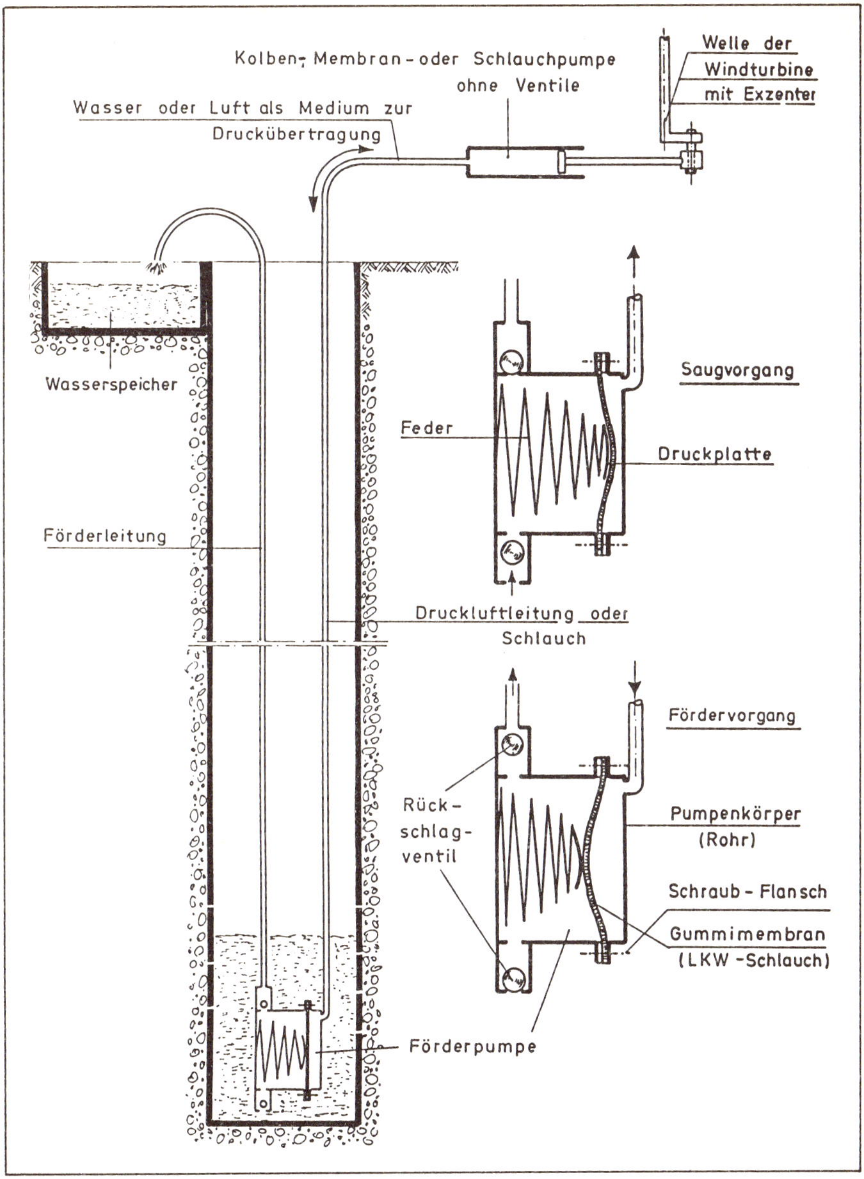

Abb. 45: Windkraftbetriebene Pumpe zur Wasserförderung aus großen Tiefen

groß, kann ein zu kleiner Schwimmer das Ventil nicht öffnen, noch dazu wenn ein großer Luftdruck darauf lastet. Daher sollte man die auftretenden Kräfte wenigstens größenordnungsmäßig berechnen, bevor man anfängt zu bauen. Außerdem ist zu raten, daß man eine automatisch gesteuerte Pumpe erst dann baut, wenn die einfache Ausführung mit Handsteuerung schon läuft.

Zur Zeit wird an der Entwicklung weiterer mit Druckluft oder Wasserdruck betriebener, einfacher und billiger Pumpen gearbeit, die mittels Windkraft aus großen Tiefen Wasser fördern können, insbesondere für den Einsatz in Entwicklungsländern. Abb. 45 zeigt eine Lösung, die in ersten Versuchen auf Anhieb funktionierte und weiterverfolgt werden soll.
Dabei wird über einen Exzenter an der Windturbinenwelle mit einer ventillosen Kolben-, Membran- oder Schlauchpumpe, die man leicht aus handelsüblichen Teilen selbst bauen kann, ein wechselnder Druck und Unterdruck erzeugt. Mit Hilfe von Luft oder Wasser wird der Druck auf die im Brunnenwasser hängende Förderpumpe übertragen. Diese kann man ebenfalls leicht aus Stahlrohr, Kugel- oder Klappenventilen, einer Feder und Gummimembran herstellen.
Die Pumpe funktioniert folgendermaßen: Beim Saugvorgang (vgl. obere Detailzeichnung) wölbt sich die Membran, unterstützt durch den Federdruck nach außen, wodurch sich der Pumpenraum vergrößert. Dadurch entsteht ein Unterdruck, der das untere Ventil öffnet und Wasser aus dem Brunnen ansaugt. Wird jetzt beim nächsten Hub der Windpumpe Druck erzeugt (untere Detailzeichnung), so wird die Membran gegen die Kraft der Feder nach innen gewölbt und Wasser bei geschlossenem unteren und geöffnetem oberen Ventil nach oben gefördert.
Bei Verwendung von Luft als Medium zur Druckübertragung muß die Leitung von der Windpumpe zur Förderpumpe einen möglichst geringen Querschnitt haben, da die Luft in der Leitung sonst als schädlicher Puffer wirkt und die Leistung minimiert. Die Feder braucht nur schwach zu sein, weil sie die Luft in der Leitung leicht nach oben drücken kann und von der Windpumpe, die dabei saugt, unterstützt wird.
Wasser als Medium hat den Vorteil, daß es nicht kompressibel ist, so daß die Leitung von der Windturbine in den Brunnen auch einen größeren Querschnitt haben kann, was den Wirkungsgrad verbessert. Die Feder muß dann aber so stark sein, daß sie fast die ganze Wassersäule der Druckleitung tragen kann. Denn bekanntlich kann man Wasser ja nur aus einer Tiefe von maximal 8 m ansaugen, so daß mit der Windpumpe allein nicht die Membran bewegt werden kann.

5. Bezugsquellen

Folgende Hersteller liefern Teile für Bau und Betrieb des Savonius-Rotors, sofern diese nicht über den örtlichen Fachhandel besorgt werden können. Hier werden nur Firmen aufgeführt, deren Produkte vom Verfasser erprobt wurden.

Rundholzverbinder für Turm aus Rundholzmasten

Fa. Rudolf Feicht, Post Falkenberg, 8331 Zell

Einstell-Gußflanschlager

INA-Walzlager Schaeffler KG, 8522 Herzogenaurach

SKF Kugellagerfabriken, 8720 Schweinfurt

Pumpen

Apollo-Pumpen, Friedrich Berger, Schwagenstr. 56, 8500 Nürnberg

KÖMAG, A. Köhler & Co, Am Bahnhof, 8228 Freilassing

Westfalia-Werkzeug-Co., 5800 Hagen/Westf. (Triplex-Pumpe)

Windkraftzentrale, Ing. H. Frees, Ellerüberweg, 2341 Brodersby bei Kappeln

Gleich- und Drehstromgeneratoren

Elektro Artmann, Marktstr. 33, 8304 Mallersdorf

Conrad Electronic, Klaus-Conrad-Str., 8452 Hirschau

A. Harbarth, Selbstbaubedarf f. Windkraft, Hechelner Str. 32, 7769 Mühlingen

Elektro-Lips, Tretzendorf 13, 8729 Oberaurach

Albin Siegl, Seligerstr. 1, 8832 Weissenburg

Windkraftzentrale, Ing. H. Frees, Ellerüberweg, 2341 Brodersby bei Kappeln

Schablonen für das Flügelprofil des Durchström-Rotors

Landtechnischer Verein in Bayern e.V., Vöttinger Str. 36, 8050 Freising

6. Literaturverzeichnis

(von den mit * gekennzeichneten Veröffentlichungen liegt dem Verfasser ein Exemplar vor, das gegebenenfalls gegen Erstattung der Papierkosten kopiert werden kann)

Felix v. König: *Windenergie in praktischer Nutzung*. Udo Pfriemer Verlag München, 1976

Henry Grotmaack: *Messung der technischen Daten von Vertikalachsen-Windrotoren (Savonius-Rotor)*. Schriftliche Hausarbeit im Fach Physik an der Technischen Universität Bremen, März 1978 * (41 Seiten)

Sigurd J. Savonius: *The Savonius and its Applications*. Mechanical Engineering S. 133 - 338, New York, May 1931

Josef A. Kozlowski: *Savonius Rotor Construction*. Vita. Inc. 1977 * (26 Seiten)

Ben F. Blackwell, Robert Sheldahl, Luis F. Feltz: *Wind Tunnel Performance Data For Two- and Three-Bucket Savonius Rotors*. Sandia Laboratories, SAND 76/0131, 1977 * (101 Seiten)

G. von Bach: *Untersuchungen über Savonius-Rotoren und verwandte Strömungsmaschinen*. Forsch. auf dem Gebiet des Ingenieurwesens, 2, pp. 218 - 231 (1931)

M. H. Simonds and A. Bodek: *Performance Test of a Savonius Rotor*. Brace Research Institute, T.R. T10, McGill University, Montreal, Quebec, Canada (1964)

Ah Chai Lek: *Experimental Investigation of the Savonius Rotor*. Department of Mechanical Engineering, McGill University, Montreal, Quebec, Canada (1974).

S.K. Agrawal: *Savonius Rotor as a Power Generator*. MS Thesis, Department of Mechanical Engineering, Queen's University, Kingston, Ontario, Canada (1968)

B.G. Newman: *Measurements on Savonius Rotor with Variable Gap*. Proceedings of the University of Sherbrooke Conference on Wind Energy, University of Sherbrooke, Sherbrooke, Quebec, Canada (May 1974) * (16 S.)

Charles E., Carver and Russel B.: *Experimental Investigations of the Use of a Savonius Rotor as a Power Generation Device*. Proceedings of the University of Sherbrooke Conference on Wind Energy, University of Sherbrooke, Sherbrooke, Quebec, Canada (May 1974)

P.N. Shankar: *The Effects of Geometry and Reynolds Number on Savonius Type Rotors*. National Aeronautical Laboratory, Bangalore, India AE-TM-3-76 (February 1976)

J. Noe: *Mit Dauermagneten erregte Kleinstgeneratoren für Langsamläufer*. Diplomarbeit an der TU München (Maschinenbau-Fakultät) 1986 *

J. Finger: *Entwurf, Bau und Untersuchung einer neuartigen Windkraftanlage (Dreiflügeliger Durchströmrotor mit vertikaler Welle) anhand von Modellen und einer Großausführung*. Diplomarbeit an der TU München (Maschinenbau-Fakultät) 1983 *.

Wolfgang Bredow

Regenwasser-Sammelanlage

Eine leicht verständliche Anleitung für den Bau verschiedener Regenwasser-Sammelanlagen, mit denen viel kostbares Trinkwasser eingespart werden kann.
7.!überarb. Aufl. Dezember 1988, 126 S. m. vielen Abb. 16,80 DM

Karlheinz Böse

Brunnen- und Regenwasser für Haus und Garten

Über die Techniken zur Nutzung von Grund- und Regenwasser: Wie und in welchen Behältern Wasser gesammelt werden kann, wann es gefiltert werden muß welche Pumpen geeignet sind, wie das Wasser in Haus und Garten richtig verteilt wird. 109 S. 16,80 DM

Klaus Bahlo, Gerd Wach

Naturnahe Abwasserreinigung

Planung und Bau von Planzenkläranlagen. Ratgeber für Grundstücksbesitzer und Planer, die häusliche Abwässer umweltschonend und landschaftsbezogen entsorgen möchten, über Planung, Bau, Betrieb und wartung. 137 S. m.v.Abb. 1992 29,80 DM

Claudia Lorenz-Ladener

Kompost-Toiletten

Wege zur ökologischen Fäkalienentsorgung. Einführung in die Geschichte der Komposttoiletten, heute verfügbare Produkte und ihre Funktion, Installation, hygiensiche Untersuchungen und Erfahrungsberichte von Nutzern. 1992, 163 S.m.v.Abb. 29,80 DM

Hans-P. Ebert

Heizen mit Holz

Ein umfassender Ratgeber über günstigen Holzeinkauf, Zurichten des Waldholzes, Lagerung und Trocknung, Anforderungen an Feuerstelle und Schornstein, die verschiedenen Ofentypen u. ihre Einsatzbereiche. 121 S. m.v. Abb., , 3. überarb. Aufl. 1993 16,80 DM

Heinz Schulz

Wärme aus Sonne und Erde

Bauanleitung für ein energiesparsames Heizungssystem (20 kW) bestehend aus Solarabsorber, Erdwärmespeicher und Dieselmotor-Wärmepumpe. Mit Betriebserfahrungen und Auslegungshinweisen. 2. erw. Aufl. 1990, 110 S., 21 x 20 cm, 24,80 DM

Heinz Ladener

Solare Stromversorgung

Grundlagen und Planungswissen, das für den Bau solarer Stromversorgungsanlagen gebraucht wird: Solarpanele, Akkus, Schaltungstechnik, energiesparende Haushaltsgeräte, Beispiele und Erfahrungen. 168 S. m.v. Abb., 21 x 20 cm, 1986 29,80 DM

Heinz Ladener

Solaranlagen

Grundlagen, Planung, Bau und Selbstbau von Solaranlagen zur Warmwasserbereitung und Raumheizung: Das Handbuch für Planer, Handwerker und Selbstbau-Interessierte. 1.Aufl. 1993, 224 S. m. vielen Abb. 44,- DM